숏과서

숏폼으로 보는 과학 교과서

숏과서

수상한 생물 선생

수상한
생물연구소

"저는 졸리는 수업을 하는 선생님이었습니다."

저는 현재 과학 콘텐츠 크리에이터로 활동하고 있습니다. 유튜브 채널 '수상한생선(생물선생)'을 운영하고 있으며, 구독자는 65만 명을 넘었고, 누적 조회수는 3억 3천만 회를 돌파할 만큼 많은 사랑을 받고 있습니다. 지금은 많은 분들이 "덕분에 과학의 즐거움을 알게 되었다."라고 말씀해주시지만, 사실 처음부터 이렇게 즐겁게 과학을 전했던 것은 아니었습니다.

저는 원래 고등학교에서 과학을 가르치던 교사였어요. 학생들의 호기심에 가득 찬 눈빛을 기대하며 매일매일 수업을 해 왔지만, 어느 순간 깨달았습니다. 제가 사랑하던 '과학'이 학생들

실제 작가의 교사시절 수업사진

에게는 그저 졸음이 오는 과목이 되어 있었다는 것을요. 열심히 칠판에 개념을 적고 교과서의 그림을 보여주며 설명했지만, 교실 안의 공기는 늘 조용했고 몇몇 학생들은 고개를 떨군 채 꾸벅꾸벅 졸고 있었습니다. 그때 저는 마음속으로 이런 생각을 했습니다. "내가 좋아하는 과학은 이렇게 따분한 게 아닌데…" 그 이후로 깊은 고민이 시작됐습니다. 어떻게 하면 학생들에게 '과학의 즐거움'을 보여줄 수 있을까?

고민 끝에 제가 찾은 해답은 바로 '실험'이었습니다. 수업 시간에 늘 졸던 학생들도 실험 시간이 되면 눈빛이 달라졌습니다.

글로만 보던 개념을 눈으로 관찰하고 직접 실험하며 탐구할 때, 학생들은 진짜 과학자가 된 것처럼 눈빛을 빛내며 수업에 몰입했어요. 하지만 학교에서 실험을 자주 하기란 쉽지 않았습니다. 시간은 부족했고, 실험 기구나 재료도 늘 제한적이었죠. 게다가 교과서 속 많은 실험들은 오래된 고전 실험이라, 실제 사진이나 영상 없이 그림으로만 설명된 경우가 많았습니다. 그래서 저는 생각했습니다.

"직접 해볼 수 없다면, 눈으로라도 볼 수 있게 하자."

그렇게 유튜브 채널 '수상한생선'이 시작됐습니다. 교과서 속 개념들을 다양한 실험으로 재현하고, '그림으로만 보던 장면'을 실험으로 구현하여 직접 보여주었습니다. 그리고 학교 수업에서는 시도하기 어려운 멘델의 완두콩 교배 실험, 모건의 초파리 유전 실험 같은 고전 실험들까지 직접 재현하며, 교과서 속 실험들을 영상으로 옮겨왔습니다.

그 결과 탄생한 것이 바로 이 책, 《숏과서》랍니다.

    숏과서

차례

생명의 시작

생명은 어디에서 오는가?

Part

01

쥐를 만들어내는
방법이 있다?

#생명의 조건

생물은 어디서 나타날까

17세기 벨기에의 과학자 얀 밥티스타 판 헬몬트(Jan Baptista van Helmont)는 아주 이상한 주장을 했습니다. 땀에 젖은 셔츠와 밀을 항아리에 넣어두면 며칠 뒤 그 안에서 쥐가 저절로 생겨난다는 것이었죠.

지금 생각하면 터무니없는 이야기지만, 당시에는 그 말을 믿는 사람들이 많았습니다. 그 시절 사람들은 흙탕물 웅덩이에서 곤충이 생기고, 진흙 속에서 장어나 새우가 나타나며, 썩은 고기에서는 구더기가 '저절로' 생겨난다고 여겼어요. 이처럼 생물이 부모 없이도 다른 물질에서 스스로 생겨난다고 믿었던 생각을 '자연발생설'이라고 합니다. 하지만 시간이 지나면서 과학자들은 자연발생설에 의문을 품기 시작했죠.

"정말 생명이 저절로 생겨날 수 있을까?"

이 물음에 정면으로 도전한 사람이 바로 프란체스코 레디(Francesco Redi)와 루이 파스퇴르(Louis Pasteur)였습니다.

레디의 실험 — 구더기는 어디서 오는가

17세기, 이탈리아의 과학자 레디는 "고기에서 구더기가 저절로 생겨난다"는 말을 믿지 않았어요. 그래서 그는 이 생각이 정말 사실인지 확인하기 위해 실험을 해보았습니다. 그는 먼저 고기를 두 접시에 나누어 담았어요. 그리고 하나는 뚜껑 없이 공기 중에 그대로 두었고, 다른 하나는 거즈를 덮어 파리가 고기에 닿지 못하게 했습니다.

며칠이 지난 후 확인해 보니, 두 접시의 고기는 전혀 다른 상태가 되어 있었습니다. 뚜껑을 열어둔 고기에는 구더기가 잔뜩 생겼지만, 거즈로 덮은 고기에는 구더기가 전혀 생기지 않았습니다. 레디는 이 실험을 통해 구더기는 고기에서 저절로 생기는 것이 아니라, 파리가 낳은 알에서 생긴 것임을 밝혀낸 것이죠.

파스퇴르의 실험 — 미생물도 부모가 있다

레디의 실험은 구더기가 저절로 생기는 것이 아니라는 사실을 보여주었지만, 사람들은 여전히 이렇게 믿었습니다.

"눈에 보이지 않는 아주 작은 생물(미생물)만큼은 스스로 생겨나지 않을까?"

그래서 레디의 실험 이후 약 200년 뒤, 프랑스의 과학자 루이 파스퇴르는 이 의문을 해결하기 위해 아주 정교한 실험을 고안했습니다. 먼저 파스퇴르는 특별한 모양의 플라스크를 준비했

습니다. 이 플라스크는 목 부분이 백조의 목처럼 길게 휘어져 있어서 백조목 플라스크라고 불렸어요. 이 백조목 플라스크는 공기는 드나들 수 있지만, 먼지나 미생물은 안쪽 액체까지 들어가기 어려운 구조였습니다.

파스퇴르는 이 플라스크에 곡식 국물을 담고 끓여 내부의 미생물을 모두 죽였고, 그 결과 국물은 완전히 깨끗한 상태가 되었어요. 이후 파스퇴르는 두 가지 실험을 진행했습니다. 한 플라스크는 목을 그대로 둔 채 보관하고, 다른 한 플라스크는 목 부분을 부러뜨려 외부 공기와 직접 닿는 상태로 보관한 것이죠.

며칠이 지나자 두 플라스크의 차이는 분명하게 드러났습니다. 목이 붙어 있던 플라스크의 국물은 오랫동안 깨끗하게 유지되었지만, 목이 부러진 플라스크의 국물은 곧 미생물이 생겨나며 탁해졌어요. 이 실험은 중요한 사실 하나를 분명히 보여주었습니다. 다른 생물들과 마찬가지로, 미생물도 저절로 생겨나는 것이 아니라 반드시 기존의 미생물로부터 생겨난다는 사실이죠.

이로써 파스퇴르는 수백 년 동안 사람들이 믿어 왔던 자연발생설을 완전히 무너뜨렸고, "생명은 오직 기존의 생명에서만 생겨난다"는 원리인 생물속생설을 과학적으로 증명해냈습니다.

살아있다는 건 뭘까?

그렇다면 '살아있다'는 것은 무엇을 의미할까요? 겉으로 보기에 움직인다고 해서 모두 살아있는 것은 아닙니다. 예를 들어 불은 활활 타오르며 크기가 커지고, 심지어 바람에 반응하기도 합니다. 하지만 우리는 불을 생명체라고 보지 않습니다. 불은 세포로 이루어져 있지도 않고, 스스로 자손을 남기지도 않기 때문이죠.

그렇다면 과학자들은 생명을 어떻게 정의할까요? 과학자들은 오랫동안 "무엇이 살아있는 것일까?"라는 질문에 대해 고민

해 왔습니다. 단순히 움직인다고 해서 '생명'이라 할 수는 없었죠. 그래서 과학자들은 생명을 정의할 수 있는 몇 가지 공통된 조건을 정리하게 되었습니다.

<생명의 조건>

1. 세포로 이루어져 있음

모든 생명체는 크고 작은 세포로 이루어져 있습니다. 세포는 생명의 가장 기본 단위로, 안에는 유전정보와 다양한 기능을 담당하는 구조들이 들어 있어요.

2. 물질대사(metabolism)

살아있는 존재는 외부에서 에너지를 얻어 사용합니다. 동물은 음식을 먹어 에너지를 얻고, 식물은 햇빛을 받아 광합성을 하죠. 이렇게 에너지를 흡수하고 사용하며 불필요한 물질을 내보내는 과정을 물질대사라고 합니다.

3. 성장과 발달

생명체는 시간이 지나면서 몸집이 커지고 형태가 달라지기도 합니다. 씨앗이 싹을 틔워 큰 나무로 자라거나, 애벌레가 번데기를 거쳐 나비로 변하는 것이 그 예입니다.

4. 번식과 유전

모든 생명체는 자신과 닮은 새로운 생명을 만듭니다. 이 과정에서 부모의 유전정보가 자식에게 전해져서 생명이 세대를 이어갈 수 있게 되죠.

5. 자극에 대한 반응과 환경 적응

생명체는 주변 환경에 반응하고 그에 맞게 적응합니다. 해바라기가 태양을 따라 고개를 돌리거나, 북극 동물들이 추운 환경에 맞춰 털을 두껍게 기르는 것이 대표적인 예입니다.

정리하자면, 생명체는 단순히 움직이는 것 이상의 특징을 갖습니다. "세포로 이루어져 있고, 물질대사를 하며, 자라고 번식하고, 환경에 반응한다." 이 조건들을 갖춘 존재만이 비로소 '살아있다'고 할 수 있는 것이죠.

앞으로 이 책에서 배워 나갈 생물학은 바로 이 다섯 가지 '생명의 조건'에 대해 깊이 탐구하는 학문입니다. 세포는 어떻게 생겨났고, 물질대사는 어떤 원리로 작동하며, 생명은 어떻게 자라고 유전되는지, 또 어떻게 환경에 적응하는지를 밝혀 나가는 과정이죠.

이제, 여러분과 함께 그 긴 여행을 시작하려 합니다. 여러분이 가진 "생명이란 무엇일까?"라는 물음에, 이 책이 하나하나 답을 찾아주는 길잡이가 되어줄 것입니다.

개념 숏! 정리

자연발생설
생명은 부모가 없어도 죽은 물질이나 흙, 음식물 찌꺼기 같은 무생물에서 저절로 생겨난다고 믿었던 옛사람들의 생각

생물속생설
모든 생명은 반드시 기존의 생명으로부터 생겨난다는 이론

항아리에 땀에 젖은 천과 밀알을 넣어두면 정말로 쥐가 나타날까요?

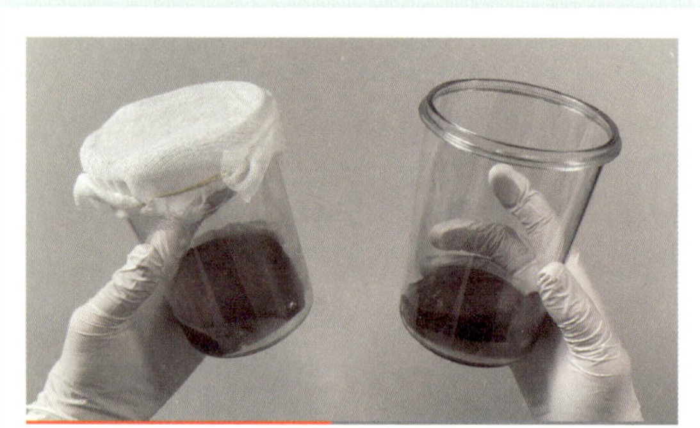

레디의 구더기 실험도 직접 해보았어요.

QR코드를 통해 자연발생설과 생물속생설을 실험으로 비교해보고,
생명이 어디에서 오는지 직접 확인해보세요!

생명과 유전

생명은 어떻게 이어질까?

Part

02

세포를 확대하면
수상한 움직임이 나타난다?

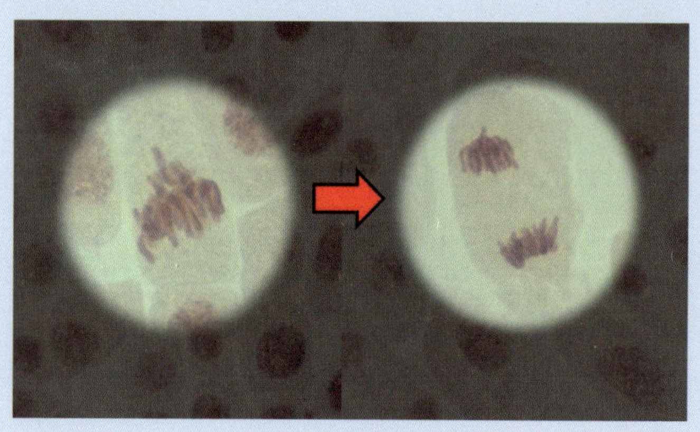

#체세포분열

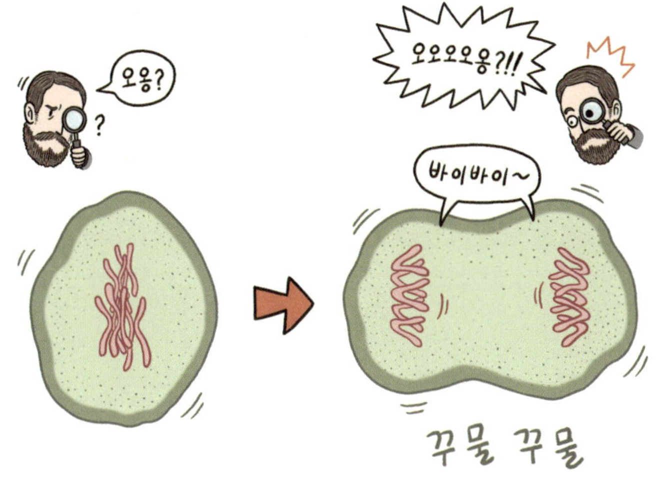

세포 속을 들여다보다

생물이 성장하거나 상처가 회복될 때는 어떤 일이 일어날까요? 그 생물의 몸 속에서 세포들이 활발히 분열해 세포의 수가 늘어나는 과정이 일어난답니다. 과학자들은 오래 전부터 이 사실을 알고 있었지만, 세포가 정확히 어떻게 나뉘는지, 그 내부에서는 어떤 일이 일어나는지에 대해서는 오랫동안 알 수 없었어요. 현미경 기술이 발달하기 전까지 세포는 그저 작은 '상자' 같은 모습으로만 보였고, 세포가 분열하는 순간에 어떤 변화가 일어나는지는 완전히 미지의 세계였던 거죠.

그러던 중, 19세기에 현미경 기술이 발달해 세포 속을 자세히 들여다볼 수 있게 되면서 상황은 완전히 달라졌습니다. 과학자들이 현미경을 통해 세포를 관찰하던 어느 날, 세포핵 속에서 작은 실타래 같은 구조가 규칙적으로 움직이는 놀라운 장면을 목격한 거예요. 세포는 단순히 '둘로 쪼개지는 것'이 아니었고, 그 안에서 정교하고 질서 있는 과정이 진행되고 있었던 것이죠.

세포 분열을 그려낸 플레밍

1879년, 독일의 해부학자 월터 플레밍(Walther Flemming)은 세포를 아닐린(aniline)이라는 특별한 염료로 염색해 현미경으로 관찰했어요. 이 염료 덕분에 세포핵 속에서 가느다란 실 같은 구조가 선명하게 드러났고, 플레밍은 이를 통해 세포가 분열할 때마다 이 실타래 같은 구조가 규칙적으로 나타났다 사라진다는 사실을 발견했습니다. 그런데 이 실 같은 구조가 특히 염료에 진하게 염색되지 뭐예요? 그래서 플레밍은 이것을 '염색체(Chromosomen)'라고 이름 붙였답니다.

그는 수없이 많은 세포를 관찰하며 꼼꼼하게 그림을 남겼는데, 그의 스케치에는 염색체가 질서정연하게 배열되었다가 다시 양쪽으로 나뉘어 가는 과정이 생생하게 담겨 있었죠. 이렇게 플레밍은 세포 속에서 염색체가 정확히 복제되고 두 세포로 균등하게 분리되는 순간을 세계 최초로 기록해낸 것이었어요. 그는 이 과정을 단계별로 정리해 체세포분열이라는 개념을 설명했습니다.

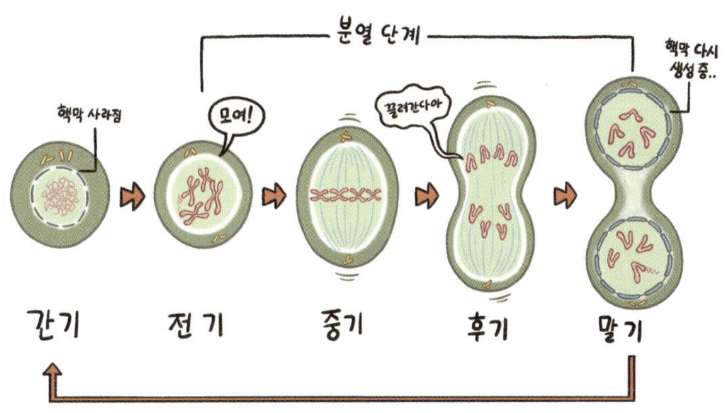

체세포분열의 다섯 단계

1. 간기(Interphase)

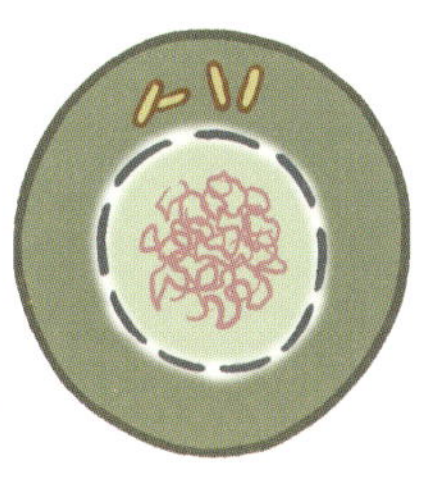

본격적으로 체세포분열이 시작되기 전, 세포는 먼저 '간기' 단계에서 분열을 준비해요. 이때 세포는 자신의 DNA를 복제해서, 나

중에 두 개로 나뉘게 될 새 세포가 똑같은 유전 정보를 받을 수 있도록 준비를 합니다.

그런데 간기 단계에서는 염색체가 보이지 않아요. 왜냐하면 DNA가 단단하게 뭉친 염색체 모습이 아니라, 풀려 있는 '염색질' 형태로 존재하기 때문이죠. 이렇게 모든 준비가 끝나면, 세포는 드디어 분열을 시작합니다.

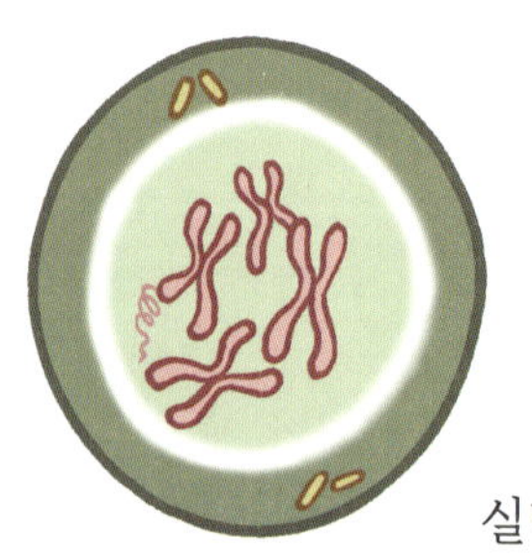

2. 전기 (Prophase)

세포핵 안에서 실처럼 풀려 있던 염색질이 응축되어 뭉치면서 염색체가 형성됩니다. 마치 가늘게 흩어진 실타래가 차곡차곡 감겨 하나의 뭉치가 되는 것과 비슷하죠.

3. 중기 (Metaphase)

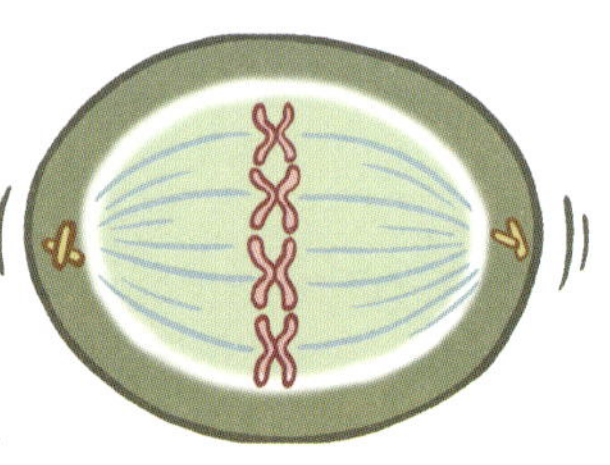

염색체들이 세포 한가운데 줄지어 섭니다. 마치 무대 위에서 배우들이 정확히 위치를 잡고 서 있는 것 같지 않나요?

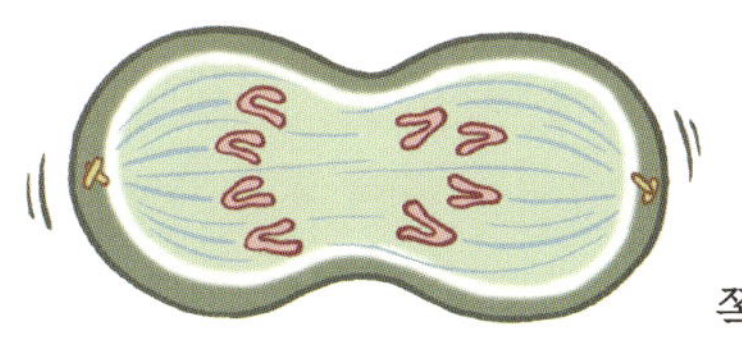

4. 후기 (Anaphase)

줄지어 있던 염색체들이 양쪽 끝으로 끌려갑니다. 염색체가 절반씩 나누어지는 순간으로, 체세포분열 중 가장 역동적인 단계입니다.

5. 말기 (Telophase)

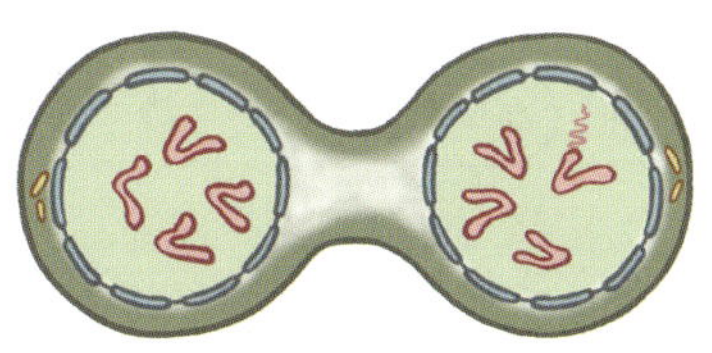

양쪽으로 나뉜 염색체 주위에 새로운 핵막이 형성됩니다. 세포는 점점 둘로 갈라지고, 결국 똑같은 유전정보를 가진 두 개의 세포가 탄생하죠.

플레밍의 발견은 단순히 "현미경으로 관찰했다"는 것보다 훨씬 큰 의미를 가졌어요. 그가 그려낸 세포 속 스케치는 "생명의 설계도가 복제되고 나누어지는 순간"을 최초로 기록한 것이었으니까요. 오늘날 우리가 배우는 체세포분열의 개념도 바로 이 실험에서 시작된 것이랍니다.

체세포분열은 언제 일어날까?

이러한 체세포분열은 한 개의 세포가 유전적으로 동일한 두

개의 세포로 나뉘는 과정이에요. 이 과정은 생명체가 성장하거
나 상처를 회복할 때 핵심적인 역할을 합니다. 예를 들어, 우리
가 다쳤을 때 피부에서 새살이 차올라 상처가 다시 메워지는 것
이나, 어린아이가 점점 자라 키가 커지는 것도 모두 체세포분열
덕분이죠.

체세포 분열
하나의 세포가 유전적으로 동일한 두 개의 세포로 나뉘는 과정

체세포분열의 의미
생물의 성장, 조직 회복, 세포 수 증가에 필수적인 현상

실험 사진 

식물의 뿌리는 체세포분열이 아주 활발하게 일어나는 부위입니다

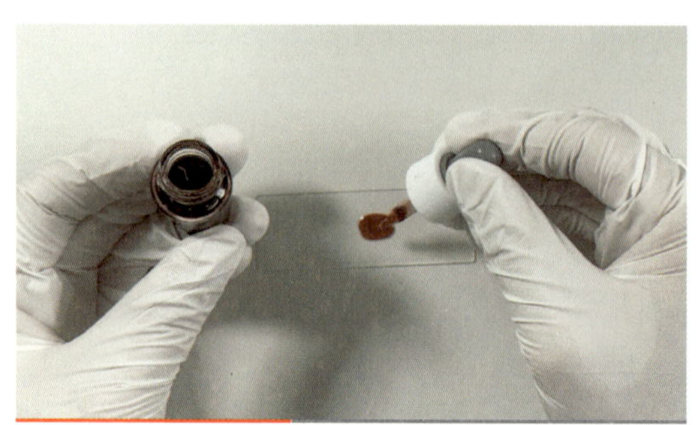

뿌리 세포의 염색체를 염색약으로 염색시켜 줍시다!

현미경으로 확대해보면… 짠! 세포 속 염색체가 분열중인 게 관찰되죠?

QR코드를 통해 세포가 분열하는 생생한 순간을 관찰하며, 체세포 분열의 과정을 직접 확인해보세요!

03

이 세포분열은
뭔가 이상한데?

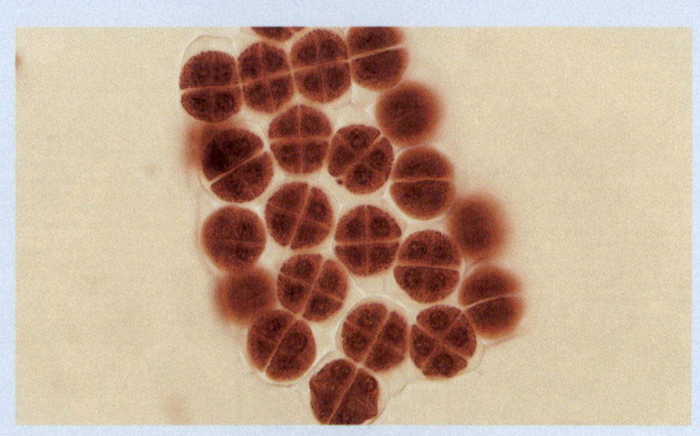

#생식세포 분열

1+1=1??

19세기 후반, 과학자들은 이미 정자와 난자가 만나 새로운 생명이 시작된다는 사실을 알고 있었습니다. 하지만 그들에겐 여전히 풀리지 않는 의문이 하나 있었죠.

"부모에게서 생식세포인 정자와 난자를 각각 하나씩 받아 합쳐지는데… 왜 태어난 아이의 염색체 수는 늘어나지 않고 항상 똑같을까?"

당시는 염색체에 대한 이해가 충분하지 않았기 때문에, 과학자들은 정자와 난자도 몸의 다른 세포들과 똑같은 수의 염색체를 갖는다고 생각했습니다. 그런데 만약 정자와 난자가 다른 세포와 동일한 수의 염색체를 가지고 있다면, 부모로부터 온 2개의 세포(정자와 난자)가 합쳐져 태어난 자식의 염색체 수는 부모의 두 배가 되어야 하겠죠? 그리고 세대를 거듭할수록 네 배, 여덟 배로 끝없이 늘어날 테고요. 하지만 실제로는 그렇지 않았습니다. 어떻게 된 것일까요?

과학자들은 정자와 난자의 비밀을 밝히고자 현미경을 들고 생식세포 속을 샅샅이 관찰하기 시작했습니다.

회충 속에서 발견한 비밀

벨기에의 동물학자 에두아르드 반 베네덴(Édouard van Beneden)은 정자와 난자의 비밀을 밝히기 위해 회충을 연구 대상으로 삼았습니다. 회충은 세포 크기가 크고 투명해서 현미경으로 세포 속을 관찰하기에 매우 적합한 생물이었거든요. 베네덴은 회충의 정자와 난자를 하나씩 현미경으로 관찰하며, 수정되기 전과 수정된 후의 세포에서 염색체 수를 비교했습니다.

그러자 결과는 아주 놀라웠어요. 회충의 체세포와 생식세포 (정자·난자)의 염색체 수가 서로 달랐던 거예요! 즉, 생식세포인 정자와 난자는 체세포 염색체 수의 절반만을 가지고 있다가, 수정이 이루어지면 두 세포가 합쳐져 다시 원래의 염색체 수로 돌아온다는 사실이 처음으로 명확히 밝혀진 것입니다.

염색체 수가 반으로 줄어드는 세포분열

베네덴의 발견은 당시 과학계에 큰 충격을 주었습니다. 그는 다음과 같은 사실들을 처음으로 증명해냈죠.

1. 생식세포는 염색체 수를 절반으로 줄이는 과정을
   거친다.

2. 수정이 이루어질 때, 두 생식세포가 합쳐져서 염
   색체 수가 다시 복원된다.

3. 정자와 난자는 새로운 생명의 설계도를 반씩 나
   누어 제공한다.

이 실험 덕분에 과학자들은 생식세포에서 일어나는 특이한 세포 분열 과정을 알아낼 수 있었고, 이후 이 과정을 감수분열(meiosis)이라 부르게 되었습니다.

감수분열의 과정

감수분열은 세포의 분열이 두 번 연속으로 이루어지는 세포 분열입니다. 감수분열 과정 중 첫 번째 분열을 감수 1분열, 두 번째 분열을 감수 2분열이라고 부르죠.

1. 감수 1분열 (Meiosis I)

첫 번째 분열(감수 1분열)에서는 부모로부터 물려받은 염색체 쌍이 서로 분리되며 세포 안의 염색체 수가 절반으로 줄어들어요.

2. 감수 2분열(Meiosis II)

그 다음 두 번째 분열(감수 2분열)에서는 각 염색체의 복제본
인 염색분체가 또다시 분리되고, 서로 다른 세포로 나뉘게 되지
요. 이 때는 복제본만 분리되기 때문에 염색체 수가 줄어들지는
않습니다.

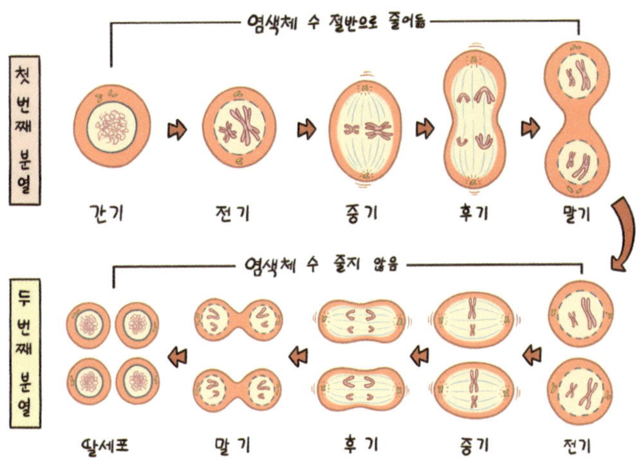

이런 연속된 두 번의 분열을 통해, 결국 하나의 세포에서는
네 개의 생식세포가 만들어져요. 감수분열의 결과로 만들어진
생식세포들은 부모 염색체 수의 절반만 가지고 있으며, 각각 서
로 다른 유전정보를 갖게 된답니다.

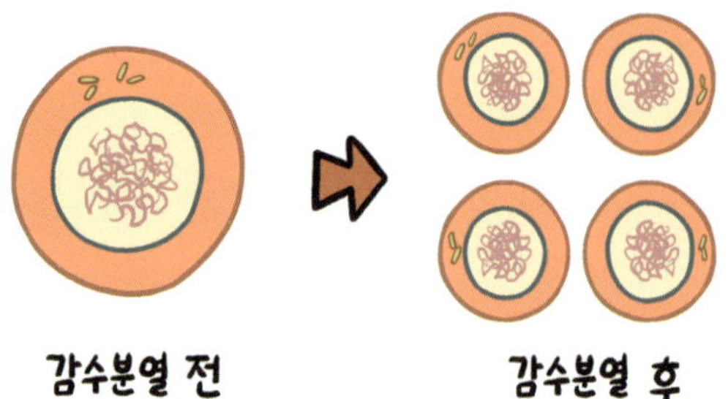

감수분열의 역할

감수분열은 단순히 염색체 수를 절반으로 줄이는 과정이 아닙니다. 이러한 감수분열 과정 중에는 부모로부터 물려받은 유전정보가 서로 뒤섞이는 과정이 일어나거든요. 쉽게 말해, 엄마와 아빠에게서 각각 받은 염색체가 서로 일부를 교환하면서 새로운 조합을 만들어내는 겁니다. 이 과정을 통해 만들어진 정자와 난자는 모두 조금씩 다른 유전정보를 가지게 돼요. 덕분에 같은 부모에게서 태어난 형제자매라도 서로 다른 눈 색깔, 키, 성격을 지니게 되는 것이고요.

즉, 감수분열은 유전적 다양성을 만들어내는 핵심 과정이며, 지구상의 생물이 저마다 다양한 모습으로 진화할 수 있었던 원동력이에요.

개념 숏! 정리

감수분열
생식세포를 만들 때 일어나는 특별한 세포 분열

감수분열의 의미
염색체 수를 절반으로 줄여, 수정 후에도 염색체 수가 세대를 거듭
해도 일정하게 유지될 수 있도록 함.

실험 사진 

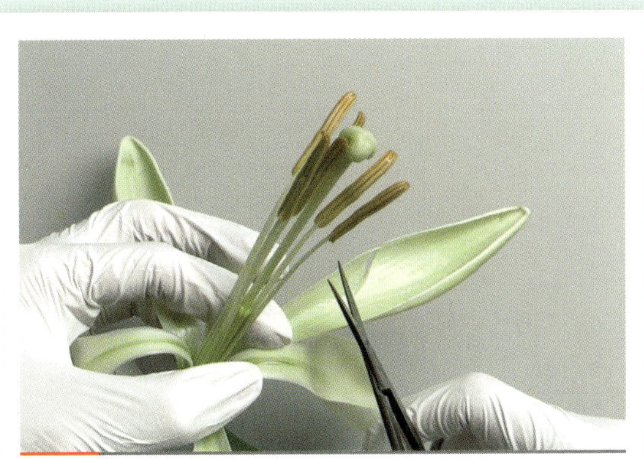

식물의 수술은 감수분열이 일어나는 부위예요.

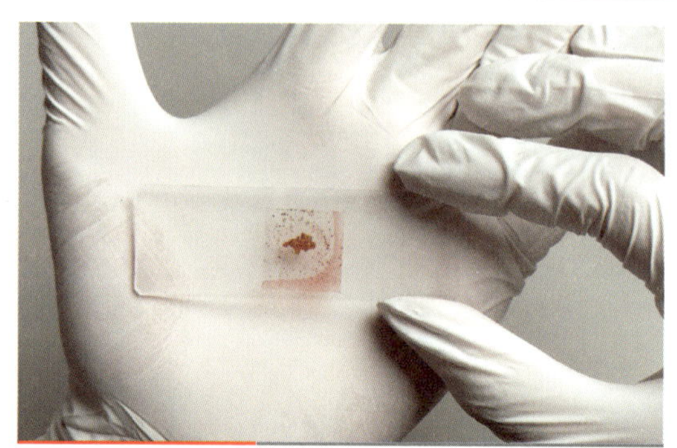

수술 세포의 염색체를 염색약으로 물들여 볼까요?

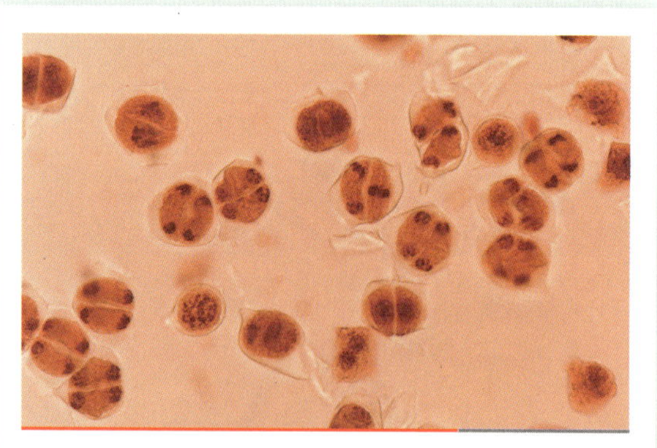

현미경으로 확대해보면 감수분열이 선명히 보여요.

QR코드를 통해 감수분열이 어떻게 이루어지는지, 두 번의 분열을 거치는 어딘가 이상한 세포분열 과정을 눈으로 확인해보세요!

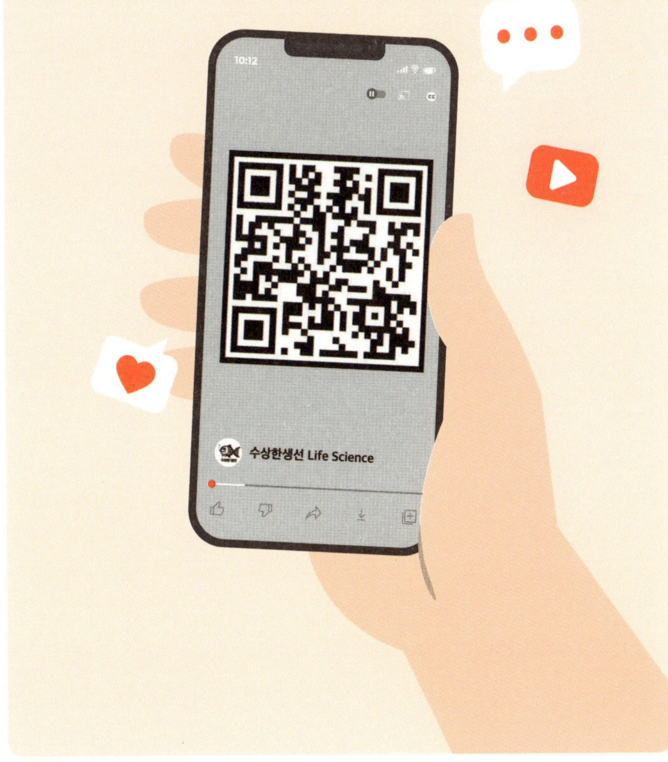

04

DNA를 눈으로
직접 볼 수 있다?

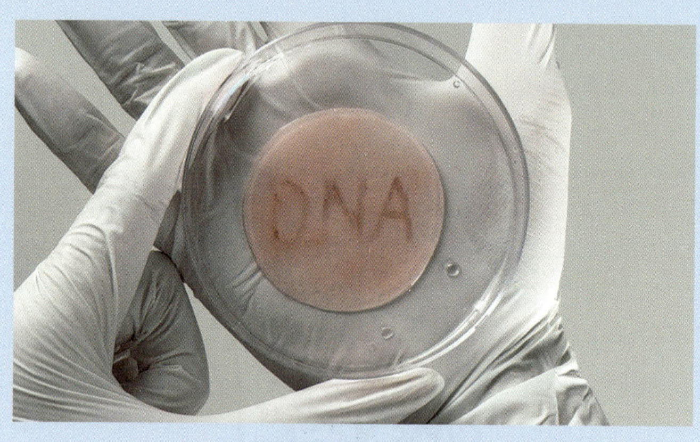

#DNA

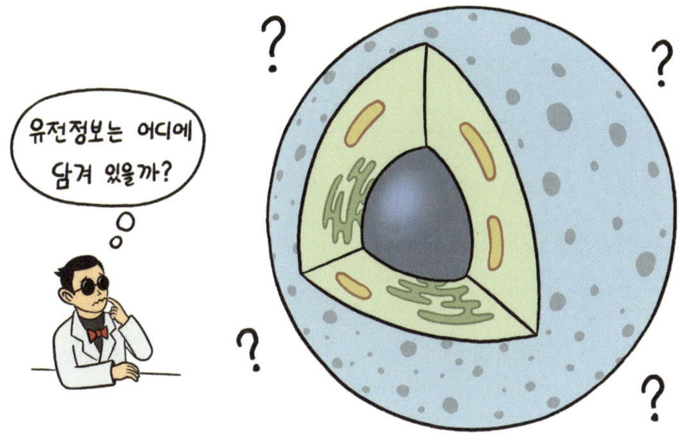

생명의 설계도를 찾아서

20세기 초, 과학자들은 생명 과학의 가장 큰 미스터리를 풀기 위해 노력하고 있었습니다.

"부모로부터 자식에게 전달되는 유전정보는 어떤 물질 속에 담겨 있을까?"

"다음 세대로 유전정보를 전하는 생명의 설계도는 어디에 저장되어 있을까?"

　당시 과학자들은 세포의 핵 속에 중요한 무언가가 있다는 사실은 알고 있었습니다. 하지만 유전정보를 실제로 담고 있는 주인공이 무엇인지는 아무도 알지 못했죠. 유전정보가 들어있다고 여겨지는 물질 후보는 크게 두 가지였습니다. 바로 단백질과 DNA라는 물질이에요.

　당시 대부분의 과학자들은 단백질을 유력한 후보로 생각했습니다. "방대한 양의 유전정보를 저장하려면, 단순한 구조인 DNA 보다는 복잡한 구조인 단백질이 더 알맞을 것이다." 라는 것이 과학자들의 생각이었죠. 하지만 놀랍게도, 유전정보를 저장하는 진짜 주인공은 단백질이 아니라 DNA였습니다.

DNA가 유전물질이라는 사실이 밝혀지자, 과학자들은 또 다른 의문에 부딪혔습니다.

"DNA는 방대한 양의 유전정보를 어떻게 저장하는 걸까?"

이 수수께끼를 풀기 위해 전 세계 연구실에서는 DNA의 모양을 알아내기 위한 연구가 시작됐습니다. DNA의 모양을 알아내는 것이 생명의 비밀을 푸는 열쇠라는 사실을 모두가 깨달았기 때문이죠.

DNA의 모양을 찍어내다!

1950년대 초, 영국의 킹스 칼리지 연구실에서 과학자 로절린드 프랭클린(Rosalind Franklin)은 DNA 구조를 알아내기 위해 특별한 실험을 하고 있었습니다. 그 실험은 바로 X선 회절 실험이에요. 뭔가 어려운 이름의 실험이죠? 이 실험을 쉽게 말하면, 아주 작은 결정이나 분자에 X선을 쏘아 그림자 무늬를 찍는 실험이었어요. X선이 DNA에 부딪혀 만들어낸 무늬를 분석하면, 눈으로는 볼 수 없는 DNA의 모양을 간접적으로 알아낼 수 있었죠.

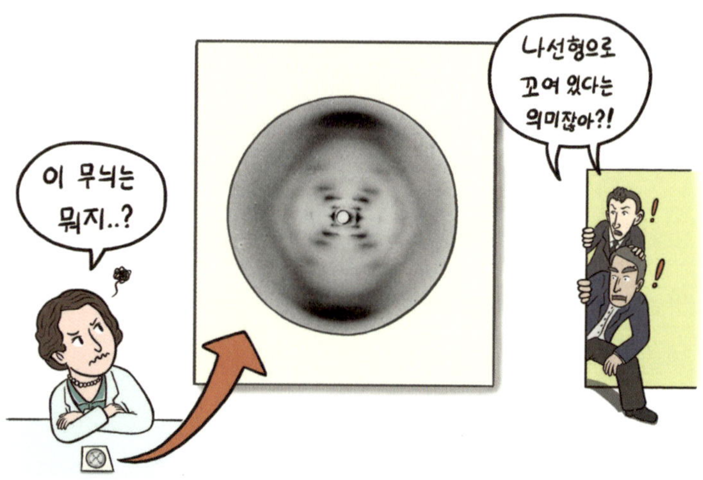

　　그러던 어느 날, 프랭클린은 DNA에 X선을 쏘아서 한 장의 사진을 얻었습니다. 그것이 바로 과학사에서 유명한 'Photo 51'이라는 사진이에요. 사진 속에는 X자 모양의 무늬가 선명하게 찍혀 있었는데, 안타깝게도 당시 프랭클린은 이 무늬가 정확히 무엇을 의미하는지 완전히 해석하지는 못했습니다.

마침내 밝혀진 DNA의 모양

프랭클린과 같은 시기, 다른 연구실에서 제임스 왓슨(James Watson)과 프랜시스 크릭(Francis Crick)이라는 과학자도 DNA 구조를 밝히려 노력하고 있었습니다. 그러던 중, 그들은 프랭클린의 'Photo 51'을 보게 되었고, 왓슨과 크릭은 이 사진에서 결정적인 힌트를 얻게 돼요. 사진 속 X자 무늬는 DNA가 두 가닥이 나선을 이루며 감겨 있다는 의미라는 사실을 알아차린 것이죠. 왓슨과 크릭은 프랭클린의 데이터를 바탕으로 1953년, 마침내 DNA가 이중나선(double helix) 구조라는 사실을 발표했습니다.

"생명의 비밀을 푸는 열쇠는 바로 DNA의 이중나선 구조 속에 있었다!"

생명의 언어를 해독해내다

DNA가 이중나선 구조라는 사실이 밝혀지자, 과학자들은 드디어 생명의 비밀을 풀 열쇠를 손에 넣은 것 같았어요. DNA는 두 가닥의 실이 서로 꼬여 있는 모습인데, 마치 지퍼처럼 꼭 맞게 엮여 있는 구조였죠. 그리고 이 두 가닥의 실 안쪽에는 A(아

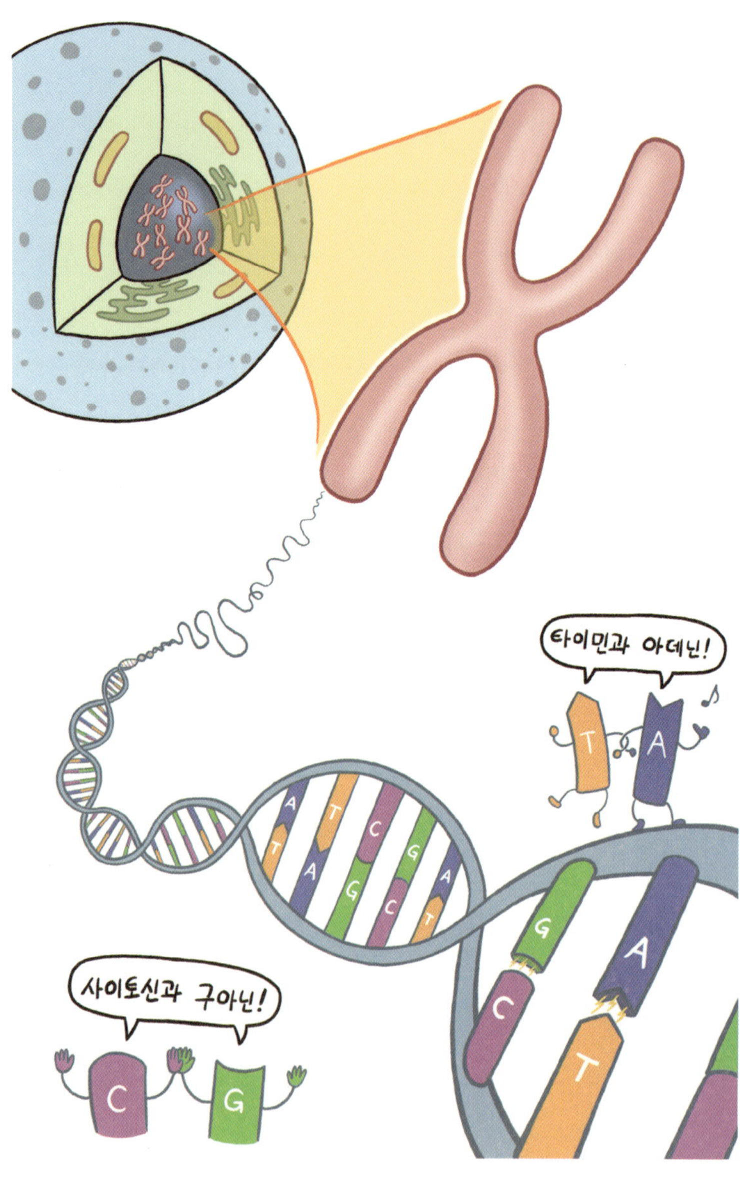
타이민과 아데닌!
사이토신과 구아닌!

데닌), T(타이민), G(구아닌), C(사이토신)라는 네 종류의 작은 조각이 일정한 규칙으로 짝을 이루고 있었습니다. 이 네 가지 조각을 염기(Base)라고 부르는데, 이러한 염기들은 짝을 이룰 때 일정한 규칙이 있어요. A(아데닌)는 항상 T(타이민)와, G(구아닌)는 항상 C(사이토신)와 연결되는 거죠.

이처럼 항상 정해진 짝끼리 결합하는 규칙 덕분에 DNA는 유전정보를 정확하게 저장하고 복제할 수 있었습니다. 마치 네 글자만 있는 알파벳으로 긴 문장을 쓰듯, 염기의 순서를 나열해 세포에 필요한 설계도를 적어 두는 거예요. 예를 들어, DNA에 A-T-G라는 염기서열이 있으면 세포는 이 정보를 읽고 메티오닌이라는 아미노산을 만드는 단백질 조각을 만들어냅니다. 이런 식으로 DNA의 염기서열은 단백질을 만드는 방법을 하나하나 지시하는 생명의 언어인 셈이에요.

즉, DNA는 단순히 실 모양의 분자가 아니라 생명의 언어로 이루어진 생명의 설계도였던 거죠!

생명 과학의 새로운 시대

DNA의 이중나선 구조의 발견은 단순히 "모양"만 알아낸 것이 아니었습니다. 이 발견은 마치 생명의 설계도를 읽을 수 있는 열쇠를 손에 넣은 것과도 같았죠. DNA 구조를 이해하게 되면서, 과학자들은 유전자에 담긴 정보를 해독하고, 생명체가 어떻게 만들어지고 작동하는지 과학적으로 분석할 수 있는 길을 열었던 것이에요. 이 혁신적인 발견은 이후 아래와 같은 놀라운 기술과 연구 발전으로 이어졌습니다.

1. 유전자 해독 (Genome Sequencing)

2003년 '인간 게놈 프로젝트'가 완성되어, 사람의 모든 유전 정보를 해독해, 우리 몸에서 어떤 유전자가 어떤 역할을 하는지 연구할 수 있게 되었습니다.

2. 유전자 편집 기술 (CRISPR)

DNA 안의 특정 부분을 가위처럼 잘라내고 고칠 수 있는 기술로, 유전병 치료나 품종 개량, 암 치료 등에 활용될 가능성이

열렸습니다.

3. 개인 맞춤형 의학 (Personalized Medicine)

사람마다 다른 유전자 정보를 바탕으로 누구에게 어떤 약이 잘 듣는지를 예측하고, 맞춤형 치료를 하는 시대가 시작됐습니다.

　이처럼 DNA 구조가 밝혀진 이후, 생명과학과 의학은 완전히 새로운 시대로 들어섰습니다. 오늘날 우리가 보고 있는 암 정밀 진단, 유전병 연구, 친환경 작물 개발 같은 혁신적인 기술들은 모두 DNA를 이해한 덕분이죠. 그리고 앞으로도 DNA 연구는 질병 치료, 환경 문제 해결, 인류의 유전적 미래 관리와 같이 더 깊고 넓은 분야로 계속 확장될 것입니다. 앞으로 과학이 더 발전한다면 우리에게 어떤 미래가 펼쳐지게 될까요?

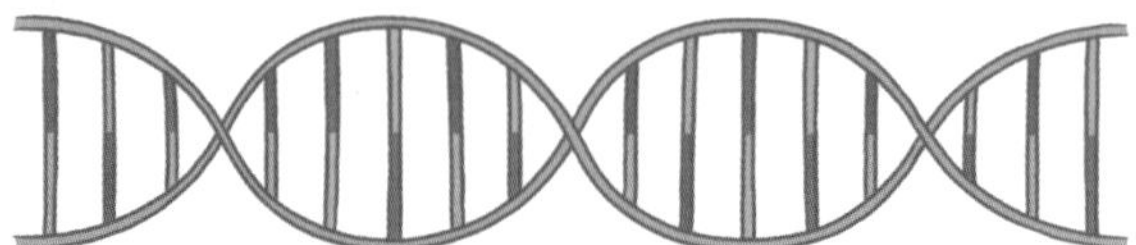

DNA

생명체의 유전정보를 저장하고 전달하는 물질
모든 생명체의 설계도 역할을 함

DNA의 구조

두 가닥이 사다리처럼 서로 꼬여 있는 이중나선 구조

DNA의 역할

1. 유전정보 저장과 전달　　　2. 단백질 생성 지시

실험 사진

이것은 브로콜리의 DNA가 떠오르는 장면이에요.

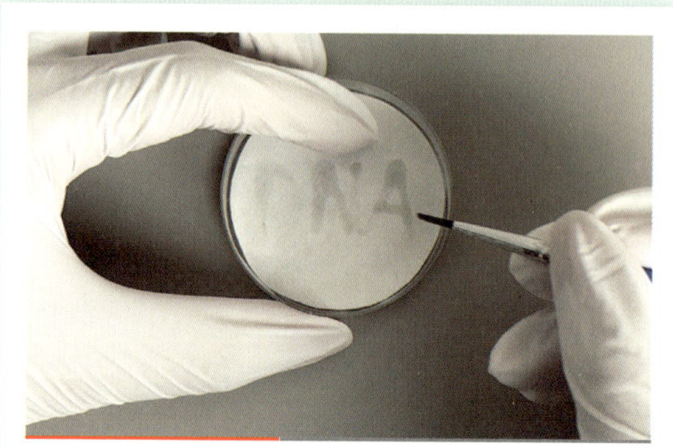

DNA로 글씨를 써보았습니다.

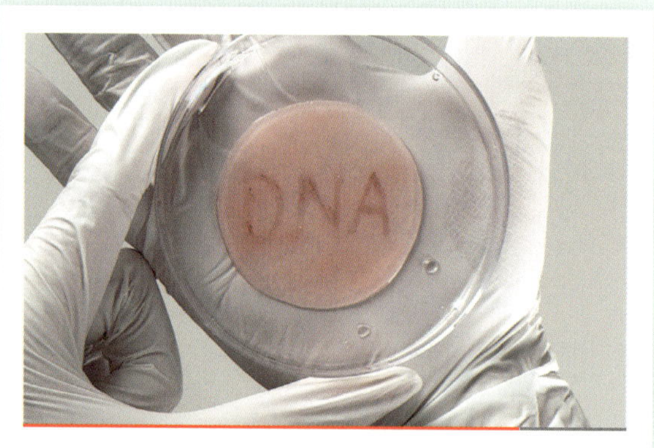

염색약으로 염색해보면 DNA로 쓴 글씨가 나타나요.

QR코드를 통해 우리 몸의 설계도인 DNA를 직접 관찰하고, 과학자 들이 DNA의 구조를 어떻게 밝혀냈는지 알아보세요!

05

노란색 완두콩과
초록색 완두콩을 교배시키면?

#멘델의 완두콩 실험

우리는 왜 부모님을 닮았을까?

　사람들은 아주 오래전부터 신기한 사실을 관찰해왔습니다. 아이의 눈이나 얼굴이 부모를 닮고, 형제자매끼리도 비슷한 점이 많다는 것이었죠. 이런 모습은 사람에게만 나타나는 게 아니었습니다. 농작물이나 가축에서도 부모의 특징이 자식에게 이어진다는 것은 누구나 쉽게 관찰할 수 있었어요. 그래서 농부들은 열매가 잘 열리는 식물을 골라 교배해 더 맛있는 작물을 만들었고, 가축을 기르던 사람들은 튼튼한 개체만 선택해 번식시키며 더 좋은 품종을 만들었습니다. 사람들은 이미 오래전부터 부모의 특징이 자식에게 전해지는 '유전 현상'을 잘 알고 있었던 거죠.

하지만 왜 그런 현상이 일어나는지, 그 원리는 아무도 알지 못했습니다. 당시에는 단순히 "부모의 특징이 섞여서 전달된다"라고만 생각했어요. 마치 빨간 물감과 파란 물감이 섞여 보라색이 되는 것처럼 말이죠.

유전의 비밀을 실험한 과학자

이러한 유전 현상의 비밀을 밝힌 사람은 바로 19세기 중반 오스트리아의 수도사, 그레고어 멘델(Gregor Mendel)이었습니다. 멘델이 실험을 시작하던 시절에는 아직 DNA라는 개념도 없었고, 세포 속에 유전정보가 있다는 사실조차 알려지지 않았습니다. 사람들은 그저 부모로부터 어떤 것이 자식에게 전달된다고만 막연히 생각했을 뿐이었어요. 그렇다면, 멘델은 어떻게 유전의 규칙을 찾아냈을까요?

멘델은 유전 현상의 비밀을 알아보기 위해 실험 재료로 작은 식물인 완두를 선택했습니다. 우리가 흔히 먹는 완두콩은 사실 완두라는 식물이 맺는 씨앗인데, 멘델은 바로 이 완두콩의 색깔과 모양 같은 특징들에 주목했어요. 완두는 여러 면에서 유전 실험에 딱 맞는 재료였습니다. 성장이 빠르고 공간도 많이 차지하지 않아 여러 세대를 쉽게 기를 수 있었고, 꽃의 색깔, 씨앗(완두콩)의 색깔과 모양 같은 특징이 뚜렷해 유전 현상을 관찰하기에 이상적이었거든요. 멘델은 이런 이유로 완두를 선택했고, 무려 7가지의 뚜렷한 형질(씨앗 색깔, 씨앗 모양, 꽃 색깔, 줄기 길이 등)을 하나씩 골라 교배 실험을 하며 유전이 어떻게 이루어지는지 관찰했습니다.

이때 그는 여러 세대를 거듭해도 같은 형질이 계속 나타나는 '순종' 완두만을 선별해 실험에 사용했습니다. 그래야 부모로부터 자식에게 어떤 형질이 어떻게 전해지는지를 더욱 뚜렷하게

구분할 수 있었기 때문이죠. 이렇게 철저히 준비한 뒤 멘델은 교배 실험을 시작했고, 약 8년에 걸친 실험 끝에 3가지의 놀라운 유전의 규칙들을 발견하게 되었습니다.

1. 우열의 원리 (Law of Dominance)

멘델은 먼저 씨앗인 완두콩의 색깔에 주목해서, 노란색 완두콩이 나오는 완두와 초록색 완두콩이 나오는 완두를 서로 교배했어요. 그런데 두 완두 사이에서 태어난 1세대(F1) 완두가 만들어낸 완두콩은 놀랍게도 모두 노란색이었습니다. 마치 초록색 완두콩의 형질은 사라져버린 것처럼 보였어요. 멘델은 여기서 중요한 사실을 발견했습니다.

> "어떤 형질은 다른 형질을 덮어버리고 강하게 나타나는구나!"

멘델은 이렇게 강하게 나타나는 형질을 '우성', 숨어 있는 형질을 '열성'이라고 불렀습니다. 실제로 완두콩의 색깔에서는 노란색이 우성, 초록색이 열성이었기 때문에 1세대 완두에서는 모두 노란색 완두콩만 나타난 것이었죠. 이것이 바로 멘델이 발견한 첫 번째 유전 원리인 '우열의 원리'에요.

2. 분리의 법칙 (Law of Segregation)

그런데 멘델은 여기서 멈추지 않고, 1세대(F1)의 노란색 완두콩을 만드는 완두끼리 다시 교배해 보았어요. 그러자 2세대(F2) 완두에서는 더 놀라운 결과가 나타났습니다. 2세대 완두에서 사라진 줄 알았던 초록색 완두콩이 다시 등장한 거예요! 완두콩의 개수를 세어 보니, 노란색 완두콩과 초록색 완두콩의 비율이 약 3:1로 나타난다는 사실을 알게 되었습니다. 멘델은 이 결과를 보고 이렇게 생각했습니다.

> "완두콩의 색깔을 결정하는 어떤 인자는 부모로부터 하나씩 자식에게 전달되는구나! 한 알의 완두콩에는 아버지 식물과 어머니 식물에서 온 인자가 하나씩 들어 있는 거야. 그리고 이 인자들은 두 개가 섞이거나 사라지는 것이 아니라 각자 따로 존재하기 때문에, 겉으로는 숨어 있던 형질도 다음 세대에서 다시 나타날 수 있는 거지!"

오늘날 우리는 이 과정을 더 정확히 설명할 수 있습니다. 생식세포가 만들어질 때, 한 쌍의 유전자는 서로 분리되어 각각의 생식세포로 나뉘어 들어갑니다. 그래서 자식은 부모로부터 유

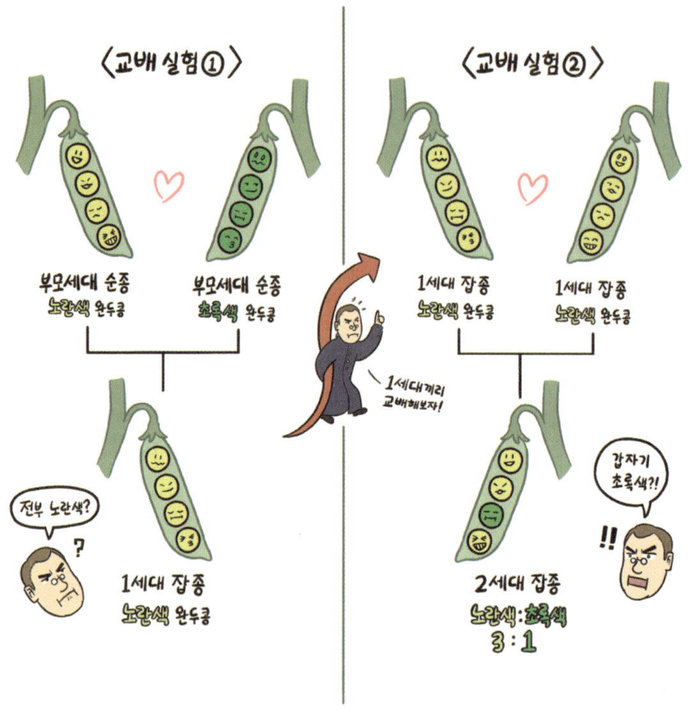

전자를 하나씩 받아 새로운 조합을 이루게 되죠. 이 과정에서 앞서 설명한 우열의 원리가 작용해서 열성 형질인 초록색 완두콩 색깔은 1세대에서는 겉으로 드러나지 않지만, 2세대에서는 다시 나타날 수 있어요. 멘델의 실험에서 2세대 때 초록색 완두콩이 다시 등장한 것도 바로 이 원리 때문이었죠.

이처럼 생식세포가 형성될 때 한 쌍의 유전자가 각각 분리되어 자손에게 전달된다는 원리가 멘델의 두 번째 유전 원리, '분리의 법칙'입니다.

3. 독립의 법칙 (Law of Independent Assortment)

멘델은 여기서 멈추지 않고 한 발자국 더 나아갔습니다. 이번에는 완두콩의 색깔(노란색/초록색)과 완두콩의 모양(둥근/주름) 두 가지 형질을 동시에 실험해 본 것이죠. 그는 먼저 노란색 둥근 완두콩을 만드는 완두와 초록색 주름진 완두콩을 만드는 완두를 교배했습니다. 그랬더니 1세대(F1) 완두의 완두콩은 모두 노란색 둥근 모양이었습니다. 이전과 마찬가지로 우열의 원리에 따라 노란색과 둥근 모양이 우성 형질이었던 것이죠.

그런데 1세대(F1)의 노란색 둥근 완두콩을 만드는 완두를 다시 교배해 2세대(F2)를 얻었을 때의 결과는 더 흥미로웠습니다. 2세대(F2) 완두가 만든 완두콩은 단순히 "노란색 둥근 완두콩"과 "초록색 주름진 완두콩"의 두 가지 조합만 나타난 것이 아니라, "노란색 둥근 완두콩", "노란색 주름진 완두콩", "초록색 둥근 완두콩", "초록색 주름진 완두콩"의 네 가지 유형의 조합이 나타난 거예요! 이 네 가지 조합의 완두콩들의 개수를 세어보니, 각 완두콩들이 약 9 : 3 : 3 : 1의 비율로 나타났어요. 멘델은 이 실험을 통해 또 하나의 중요한 결론을 내렸습니다.

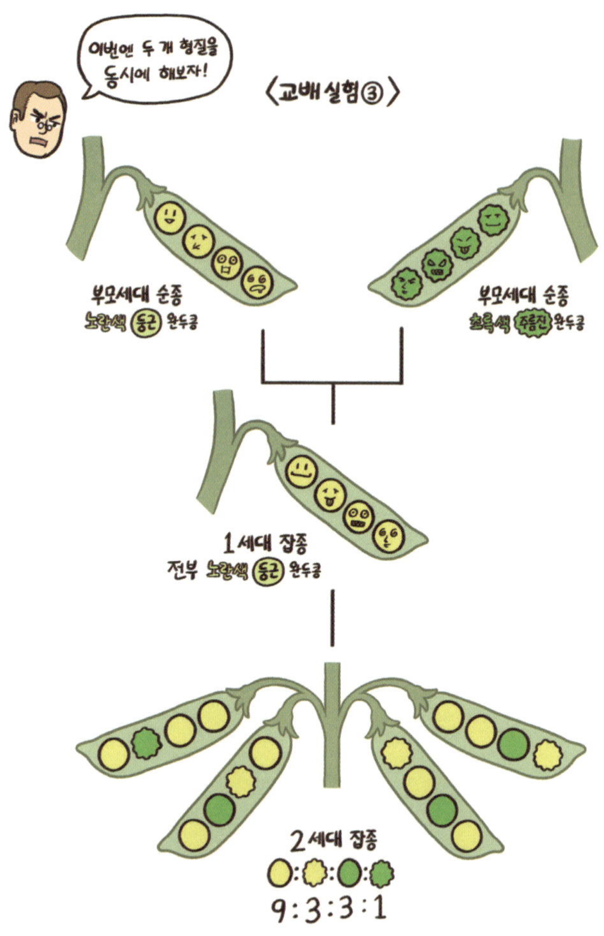

"완두콩의 색깔을 결정하는 인자와 모양을 결정하는 인자는 서로 영향을 주지 않고, 각각 독립적으로 자손에게 전해지는구나!"

즉, 완두콩의 색깔과 모양을 결정하는 유전 인자들은 마치 따로따로 제비뽑기를 하는 것처럼 독립적으로 다음 세대에 전달된다는 사실을 알게 된 것입니다. 이것이 바로 멘델의 세 번째 유전 원리인 '독립의 법칙'입니다.

멘델은 단순해 보이는 완두 실험을 통해 유전이 이루어지는 세 가지 원리를 세상에 밝혀냈습니다. 놀랍게도 멘델이 실험을 진행하던 당시에는 염색체, 유전자, DNA 같은 개념이 전혀 알려지지 않은 시대였어요. 그럼에도 그는 수천 개의 완두를 직접 재배하고 관찰하면서, 유전이 일정한 규칙에 따라 이루어진다는 사실을 세계 최초로 추측해낸 것이죠.

하지만 안타깝게도 멘델의 연구는 당시에는 별다른 관심을 받지 못했습니다. 그러나 중요한 발견은 언젠가 반드시 인정받기 마련이죠. 수십 년이 흐른 뒤 그의 논문이 다시 주목을 받기 시작했고, 멘델이 발견한 유전 원리는 결국 현대 유전학의 기초가 되었습니다. 멘델 덕분에 우리는 형질이 부모에서 자식으로 어떻게 전해지는지, 그리고 왜 형제자매끼리 서로 다른 모습을 보이는 지와 같은 질문에 답할 수 있게 되었고, 유전학이 발전하면서 오늘날 생명과학 역시 크게 성장할 수 있었답니다.

멘델의 세 가지 유전 원리

1. **우열의 원리**: 서로 다른 형질이 만날 때, 한 형질은 겉으로 드러나고(우성) 다른 형질은 숨을 수 있다(열성). (＊우열의 원리는 과거 '우열의 법칙'이었으나 예외가 많아 현재는 '원리'로 불립니다.)

2. **분리의 법칙**: 유전 형질을 결정하는 인자(유전자)는 부모로부터 하나씩 전달되며, 생식세포가 만들어질 때 각각 분리되어 자손에게 전달된다.

3. **독립의 법칙**: 서로 다른 형질을 결정하는 유전자는 서로 영향을 주지 않고 독립적으로 다음 세대에 전달된다.

실험 사진

주름진 완두콩은 이렇게 생겼어요!

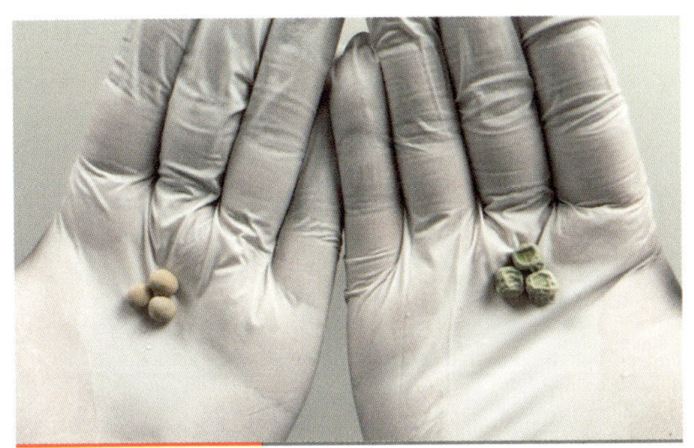

노란색 둥근 완두콩과 초록색 주름진 완두콩

노란색 둥근 완두콩과 초록색 주름진 완두콩을 교배시키면 어떤 완두콩이 나올까요?

QR코드를 통해 멘델의 완두콩 실험이 어떻게 이루어졌는지 눈으로 확인해보고, 유전 현상이 일어나는 원리를 직접 느껴보세요!

06

빨간눈 초파리와
흰눈 초파리를 교배시키면?

#모건의 초파리 실험

작은 초파리로 유전의 비밀을 밝히다

앞 장에서 보았듯, 멘델은 완두콩 교배 실험을 통해 유전의 규칙을 밝혀냈습니다. 하지만 당시에는 DNA나 염색체의 개념조차 없었기 때문에, 그의 연구는 제대로 받아들여지지 않았어요. 그러나 시간이 지나며 과학자들은 다양한 연구를 통해 멘델의 법칙이 정확하다는 것을 확인하게 되었죠. 그리고, 이 과정에서 자연스럽게 새로운 의문 또한 생겨났습니다.

"그렇다면 멘델이 말한 유전 인자는 세포 속 어디에

있는 걸까?"

이 물음에 대한 답을 찾기 위해 실험에 나선 과학자가 있었으니, 바로 토머스 헌트 모건(Thomas Hunt Morgan)이었습니다. 모건은 유전의 비밀을 밝히려면 적절한 실험 동물이 필요하다고 생각했는데, 그는 고민 끝에 결국 작은 곤충인 '초파리'를 선택했습니다. 초파리를 선택한 이유는 키우기 쉽고, 알을 한 번에 많이 낳으며, 성체까지 자라는 속도가 매우 빨라 짧은 시간 안에 수많은 실험을 반복할 수 있는 이상적인 실험 동물이었기 때문이죠.

흰눈 초파리의 등장

그러던 중 1909년, 모건의 실험실에서 특별한 일이 벌어졌습니다. 모건이 키우던 초파리 무리에서 이전과는 전혀 다른 모습의 개체가 태어났거든요. 원래 실험실 초파리는 모두 빨간 눈을 가지고 있었는데, 이번에는 눈이 새하얀 초파리가 나타난 것이죠. 이는 자연에서 보기 힘든 돌연변이였습니다.

모건은 이 특별한 초파리를 보며 이렇게 생각했어요.

"혹시 이 돌연변이를 통해 유전의 비밀을 알아낼 수 있지 않을까?"

그는 흰눈 초파리에 주목했고, 이 개체를 이용한 교배 실험을 시작했습니다. 실험 방법은 멘델이 완두콩으로 했던 실험과 비슷했습니다. 다만 이번에는 완두콩이 아니라 초파리를 이용해, 초파리의 눈 색깔이 어떻게 유전되는지를 하나하나 확인해 나간 것이죠.

교배 실험 ① — 1세대(F1)의 결과

먼저 모건은 흰 눈을 가진 수컷 초파리와 빨간 눈을 가진 암컷 초파리를 교배했습니다. 그 결과, 태어난 자손은 모두 빨간 눈을 가졌습니다. 이것은 멘델이 밝힌 우열의 원리에서 말하는 우성-열성 관계를 보여주었죠. 즉, 빨간 눈은 우성, 흰 눈은 열성이라는 사실이 드러난 것입니다.

교배 실험 ② — 2세대(F2)에서 나타난 이상한 결과

모건은 다시 1세대 초파리끼리 교배시켰습니다. 멘델의 법칙에 따르면, 여기서 다시 흰눈 초파리가 일부 나타나야겠죠? 그리고 예상대로 2세대에서는 흰 눈을 가진 초파리들이 태어났어요.

그런데 이상한 점이 있었습니다. 흰 눈을 가진 초파리들 중에 암컷은 한 마리도 없고 모두 수컷이었던 거예요. 만약 단순히 우열의 법칙만 적용되었다면 수컷과 암컷 모두에서 흰 눈 개체가 나와야 했습니다. 하지만 결과는 달랐죠. 왜 수컷에서만 흰 눈이 나온 걸까요?

모건은 오랜 기간 교배 실험을 반복하고 통계적으로 분석한 끝에 중요한 사실을 밝혀냈습니다. 바로 흰 눈을 결정하는 유전

자는 성염색체(X 염색체) 위에 존재한다는 사실이죠. 수컷은 성염색체가 XY라서 X 염색체가 하나뿐입니다. 따라서 그 하나의 X 염색체에 흰 눈 유전자가 있으면 바로 흰 눈이 돼요.

반면에 암컷은 성염색체가 XX라서, 두 X 염색체가 모두 흰 눈 유전자를 가져야만 흰 눈이 나타나죠. 그래서 암컷보다 수컷에서 흰눈이 나타날 가능성이 훨씬 높은 것이랍니다. 이처럼 성염색체에 따라 달라지는 유전을 반성유전이라고 부릅니다.

유전자의 위치를 찾아내다

모건의 흰눈 초파리 실험은 단순히 '눈 색깔' 유전만을 설명한 것이 아니었습니다. 그는 이 실험을 통해 흰 눈 유전자가 성염색체(X 염색체)에 존재한다는 사실을 처음으로 밝혀낸 거예요. 이 발견은 단순히 성별과 관련된 형질을 설명하는 것 이상의 의미가 있었습니다. 유전자가 성염색체에 존재한다면, 다른 형질을 결정하는 유전자들도 마찬가지로 염색체라는 구조물 위에 자리 잡고 있을 것이라는 강력한 증거가 된 것이니까요.

즉, 모건의 연구는 멘델이 말한 '유전 인자'가 실제로 세포 속 염색체 위에 존재한다는 것을 처음으로 입증한 결정적인 전환점이었습니다. 멘델이 유전의 기본 법칙을 세웠다면, 모건은 그

것이 염색체 위에서 작동한다는 증거를 보여주며 현대 유전학의 기초를 완성한 것이었어요.

모건의 추가적 발견

이후 모건과 그의 연구팀은 연구를 거듭하며 또 하나 중요한 사실을 발견했어요. 멘델이 제시했던 독립의 법칙이 모든 경우에 항상 적용되는 것은 아니라는 점이었죠. 보통 서로 다른 형질을 결정하는 유전자들은 각각 독립적으로 분리되어 자손에게 전해집니다. 그러나 두 유전자가 같은 염색체 위에 나란히 존재한다면 이야기가 달라져요. 이 경우 유전자들은 염색체와 함께 움직이기 때문에 서로 떨어지지 않고, 마치 하나의 세트처럼 함께 유전될 수 있습니다.

이처럼 특정 유전자들이 묶여서 같이 전해지는 현상을 '연관 유전(linkage)'이라고 합니다. 즉, 모건의 연구는 멘델의 법칙을 부정한 것이 아니라, 현실의 유전 현상을 더 정밀하게 설명하는 보완책을 제시한 셈이었습니다.

모건이 초파리 실험을 통해 밝혀낸 사실

1. 유전 인자의 위치: 유전 인자(유전자)는 염색체 위에 존재한다.

2. 반성유전: 유전자의 위치가 성염색체에 있기 때문에 발생하는 유전 현상으로,수컷과 암컷에서 형질 발현 빈도가 다르게 나타나는 것이 특징

3. 연관유전: 같은 염색체 위에 있는 유전자는 독립적으로 유전되지 않고 함께 전해질 수 있음

실험 사진 

흰눈 초파리(왼쪽)와 빨간눈 초파리(오른쪽)

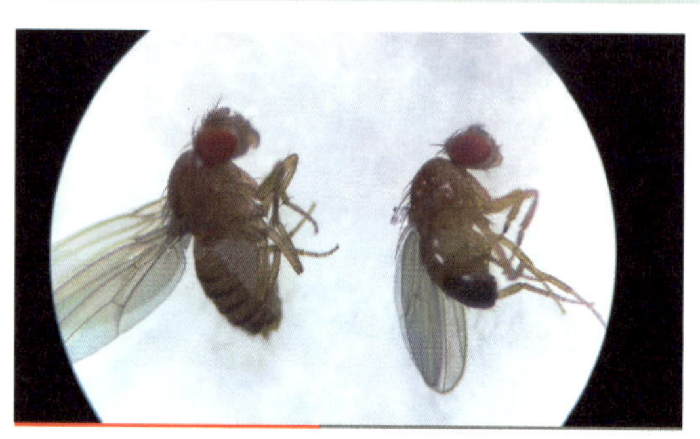

암컷(왼쪽)은 몸집이 더 크고, 배 부분 줄무늬가 선명해요.
수컷(오른쪽)은 배 끝부분이 진한 색을 띠고 있어요.

교배를 마친 초파리들이 알을 낳고 있어요.

숏폼 과학 실험 영상!

QR코드를 통해 모건의 초파리 실험이 어떻게 이루어졌는지 눈으로 확인해보고, 알에서 성체까지 자라는 초파리의 한살이도 함께 관찰해보세요!

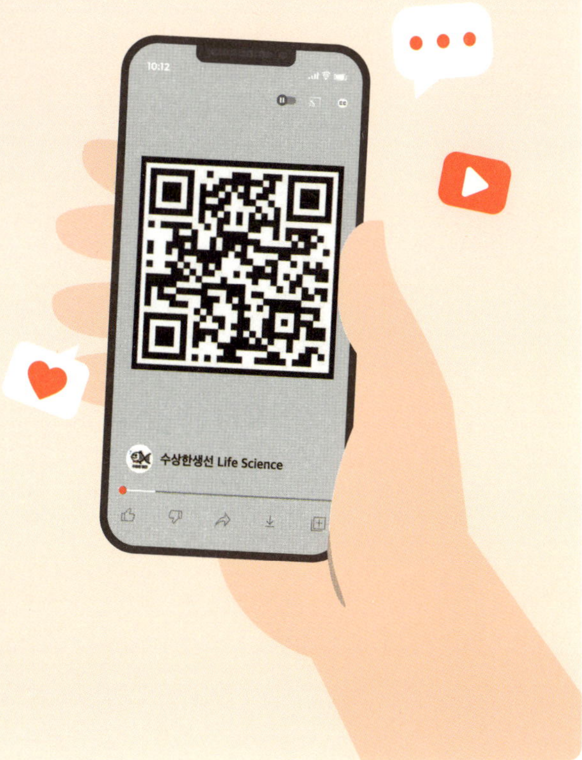

식물의 과학

식물은 어떻게 살아갈까?

Part

03

광합성으로 글씨를 쓸 수 있다?

#광합성

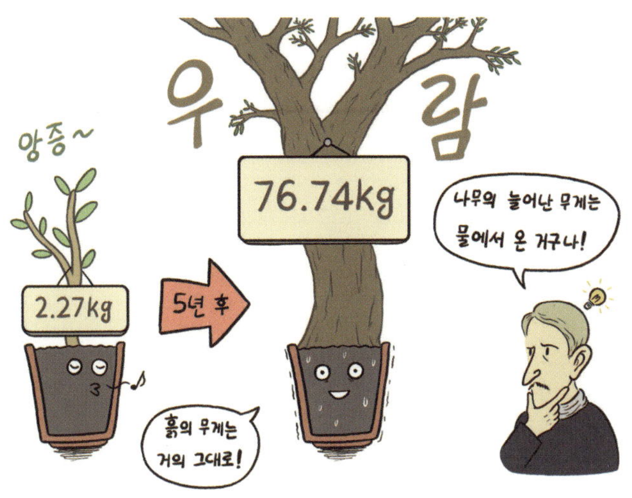

식물의 먹이는 흙?

과거 사람들은 오랫동안 식물을 물구나무를 선 채 살아가는 동물이라고 여겼습니다. 식물의 뿌리 부분이 동물의 입과 같은 역할을 하여, 생존에 필요한 영양분을 모두 흙에서 얻는다고 생각해왔던 것이죠. 그런데 이러한 오랜 믿음을 뒤집은 과학자가 있었습니다. 바로 17세기 벨기에의 과학자 얀 밥티스타 판 헬몬트(Jan Baptista van Helmont)입니다.

헬몬트는 식물이 정말로 흙에서 모든 영양분을 얻어 자라는지 확인해 보기로 했어요. 그는 화분에 어린 버드나무 한 그루를

심은 후, 시간이 지나면서 버드나무의 무게가 얼마나 늘어나는지, 그리고 화분 속 흙의 무게가 얼마나 줄어드는지 비교하는 실험을 진행했답니다. 먼저 헬몬트는 어린 버드나무의 무게를 정확히 재 보았습니다. 그 무게는 2.27kg이었죠. 또한 그는 버드나무를 화분에 심으며 흙의 무게도 따로 측정해 두었습니다.

그리고 헬몬트는 이 버드나무에 물만 주며 무려 5년 동안 키웠어요. 5년 후, 크게 자란 버드나무의 무게를 다시 측정해보니… 놀랍게도 2.27kg이었던 버드나무가 76.74kg으로 자라 있었습니다. 버드나무의 무게가 70kg 넘게 늘어난 것이죠! 그렇다면 화분 속 흙의 무게는 어떻게 변했을까요?

만약 식물이 흙을 먹고 자랐다면, 당연히 흙의 양도 많이 줄어야 했습니다. 하지만 5년 후 화분 속 흙의 무게를 다시 재본 결과, 줄어든 무게는 불과 수십 g뿐이었어요. 버드나무는 70kg이 넘게 자랐는데, 흙은 거의 줄지 않았던 것이죠. 이 실험 결과는 "식물이 흙을 먹고 자란다"는 오랜 믿음을 완전히 뒤집었습니다. 그리고 헬몬트는 다음과 같은 결론을 내렸습니다.

"버드나무가 자라며 늘어난 무게는 흙이 아니라, 물에서 온 것이다."

　　　　　　　　　　　　　　　　　　　　　

당시로서는 매우 획기적인 결론이었지만, 오늘날의 관점에서 보면 헬몬트의 결론은 절반의 정답에 불과했습니다. 식물이 흙 대신 물을 먹고 자란다고 설명한 것 역시 완전한 해답은 아니었던 것이죠.

식물의 비밀을 밝혀라!

헬몬트는 "식물의 무게 증가는 흙 때문이 아니다"라는 사실을 밝혀냈습니다. 그러나 식물이 자라기 위해 필요한 또 다른 요인, 즉 물 이외에 무엇이 더 중요한지는 여전히 수수께끼로 남아 있었죠. 이러한 의문을 해결한 과학자들이 바로 조지프 프리스틀리(Joseph Priestley)와 얀 잉엔하우스(Jan Ingenhousz)였어요. 그들은 공기와 빛에 주목하여 아주 독특한 실험으로 식물의 비밀을 파헤치기 시작했습니다.

프리스틀리의 실험

프리스틀리는 "식물이 자라면서 공기에 어떤 영향을 미칠까?"라는 의문을 갖고 실험을 시작했습니다.

1. 촛불 실험

먼저 프리스틀리는 공기가 갇힌 유리로 된 종 속에서 촛불을 켜고 관찰했습니다. 그런데 시간이 지나자 촛불은 스스로 꺼져버렸고, 다시 불을 붙이려고 해도 전혀 켜지지 않았어요. 즉, 유리 종 속 공기가 더 이상 연소를 지원하지 않는 상태가 된 것이죠. 프리스틀리는 이 상태를 "유리 종 속 공기가 '오염'되었다."라고 표현했습니다.

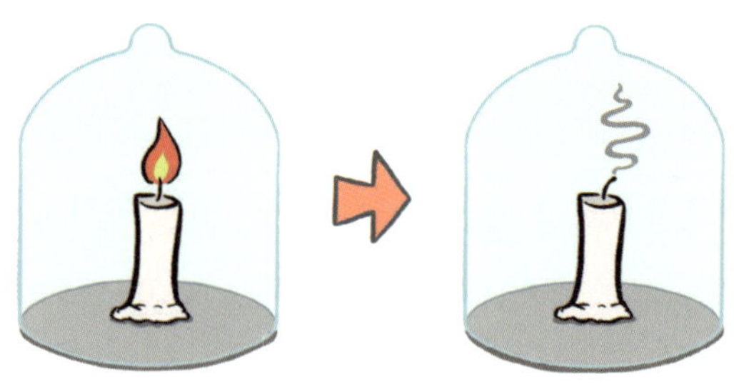

2. 쥐 실험

이번에는 쥐를 유리 종 안에 넣어 관찰했습니다. 그 결과는 촛불 실험과 매우 비슷했습니다. 시간이 지나자 쥐는 점점 숨을 쉬지 못하고 죽어버렸죠. 즉, 쥐 역시 촛불처럼 공기를 '오염'시킨다는 사실을 확인할 수 있었습니다.

당시에는 공기가 여러 기체로 이루어져 있다는 개념이 없었기 때문에, 프리스틀리는 이 현상을 단순히 "공기가 더러워졌다"고만 생각했어요. 하지만 오늘날의 관점에서 보면, 이것은 산소(O₂)가 점점 줄어들고 이산화탄소(CO₂)가 많아지면서 일어난 일이었습니다. 유리 종 안에서 산소가 부족해지자 촛불이 꺼진 것이고, 쥐도 더 이상 숨을 쉴 수 없었던 것이죠.

3. 식물과 함께 넣기

그러던 중, 프리스틀리는 우연히 흥미로운 사실을 발견했습니다. 밀폐된 공기 속에 식물이 함께 있을 때, 꺼져가던 촛불이 다시 켜지는 현상이 나타난 것이에요! 그래서 그는 이번에는 유리 종 속에 식물과 쥐를 함께 넣어 실험해 보았는데, 이번엔 쥐가 식물이 없을 때보다 훨씬 더 오래 살아남을 수 있었어요. 그 모습이 마치 식물이 오염된 공기를 정화한 것처럼 보였죠. 그래서 프리스틀리는 이 실험을 통해 다음과 같은 결론을 내렸습니다.

"식물은 오염된 공기를 되살리는 역할을 한다."

그는 식물이 만들어내는 이 깨끗한 공기를 '신선한 공기'라고 불렀습니다. 오늘날 우리는 이것이 바로 식물의 광합성 과정에서 만들어지는 산소(O_2)임을 알고 있죠.

잉엔하우스의 실험

프리스틀리의 실험은 매우 흥미로운 결과를 보여주었지만, 식물이 공기를 되살리는 조건이 무엇인지는 분명히 밝혀지지 않았습니다. 그래서 이후 네덜란드 출신의 의사이자 과학자인 잉엔하우스가 프리스틀리의 실험을 바탕으로 핵심적인 조건을 찾아내기 위한 연구를 이어갔어요.

잉엔하우스는 식물과 쥐(또는 촛불)를 함께 넣은 실험을 햇빛이 있는 곳과 어두운 곳에서 각각 진행했습니다. 그 결과, 빛이 있을 때만 공기가 되살아나는 현상이 일어났습니다. 즉, 식물이 공기를 되살리는 작용은 빛이 있을 때에만 일어난다는 결론에 도달한 것이죠.

잉엔하우스는 또 다른 중요한 사실도 알아냈습니다. 어두운 곳에 둔 식물은 오히려 동물처럼 공기를 오염시킨다는 것이죠. 즉, 식물은 낮에는 광합성을 하지만, 밤에는 동물들처럼 호흡을 한다는 사실을 알 수 있었어요.

식물은 흙이 아니라 '빛'을 먹고 자란다

헬몬트는 "식물의 무게 증가는 흙 때문이 아니다"라는 사실을 밝혀냈습니다. 그러나 그의 결론은 "식물의 무게 변화가 물에서 온다"는 데 머물러 있었죠. 그 뒤를 이어, 프리스틀리는 "식물이 공기를 되살린다"는 사실을 발견하면서, 식물이 공기 속에 무언가를 내보낸다는 점을 알아냈습니다. 잉엔하우스는 여기에 "이 작용은 빛이 있을 때만 일어난다"는 중요한 조건을 덧붙이며 그 비밀을 한 걸음 더 밝혀냈죠.

이 세 과학자의 발견을 하나로 묶으면, 오늘날 우리가 알고 있는 광합성의 핵심 개념이 자연스럽게 드러납니다.

"식물은 빛에너지를 이용해 이산화탄소와 물로부
터 영양분(포도당)과 산소를 만들어낸다."

즉, 헬몬트가 관찰한 버드나무의 무게 증가는 식물이 광합성을 통해 스스로 만든 영양분이 쌓여 늘어난 결과였던 것이죠. 식물은 흙이 아닌 광합성이라는 과정을 통해 몸을 키우는 생명체니까요.

이러한 광합성이라는 놀라운 과정은 단순히 식물이 스스로 먹이를 만드는 것에 그치지 않습니다. 사실, 광합성은 지구에 사는 모든 생명의 출발점이 되는 아주 중요한 과정이에요. 예를 들어, 우리가 매일 들이마시는 산소는 식물이 광합성을 하면서 만들어 낸 것이고, 식물이 빛과 이산화탄소, 물을 이용해 만든 영양분은 곤충과 초식동물, 그리고 육식동물까지 이어지는 먹이사슬의 시작이 되는 거예요. 이처럼, 광합성은 지구 생명체가 숨쉬고 살아가는 데 꼭 필요한 기초가 되는 아주 중요한 과정이랍니다.

광합성

1. 식물은 빛에너지를 이용해 이산화탄소(CO_2)와 물(H_2O)로부터 포도당($C_6H_{12}O_6$)과 산소(O_2)를 만들어낸다.

2. $6CO_2 + 6H_2O + 빛에너지 \rightarrow C_6H_{12}O_6 + 6O_2$

실험 사진

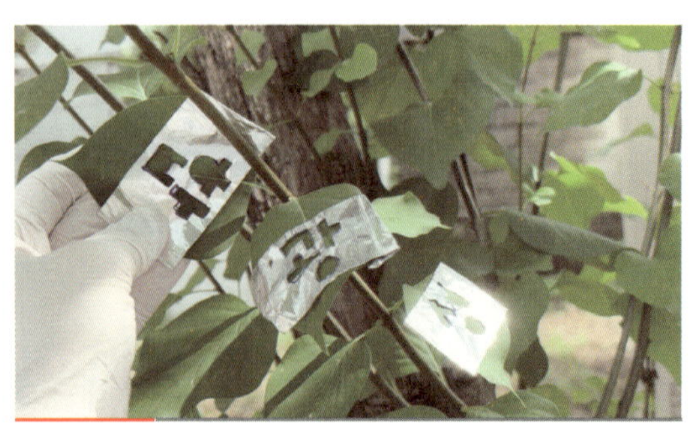

잎의 일부분만 광합성을 일으키면, 광합성으로 글씨를 쓸 수 있어요!

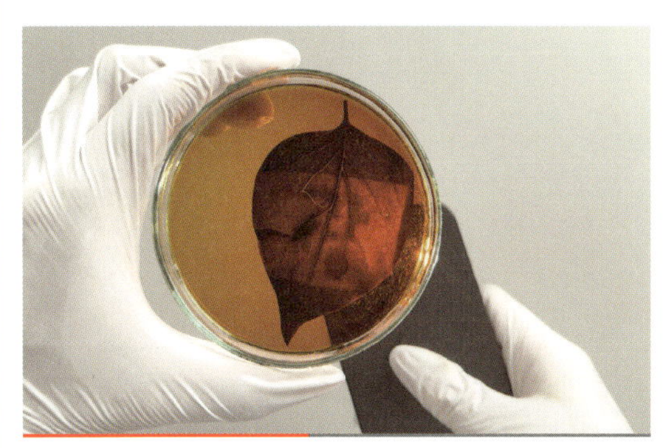

정말 글씨가 써졌죠?

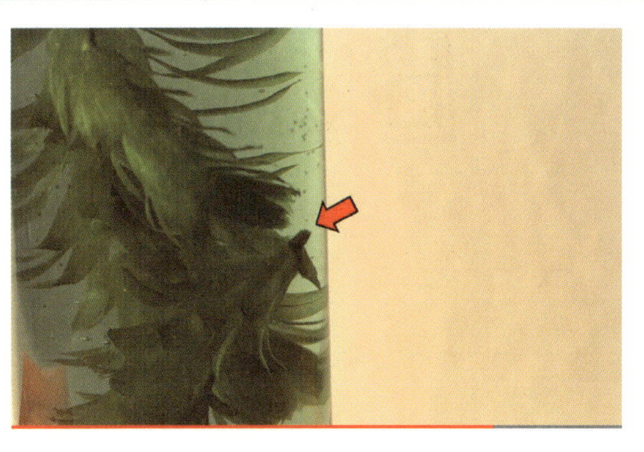

광합성으로 만들어진 산소가 방출되는 모습이 보여요!

QR코드를 통해 광합성으로 쓴 글씨를 확인하고, 광합성의 결과물들을 하나하나 눈으로 관찰해보세요!

08

식물을 회전시키며 키우면 어떻게 자랄까?

#굴중성

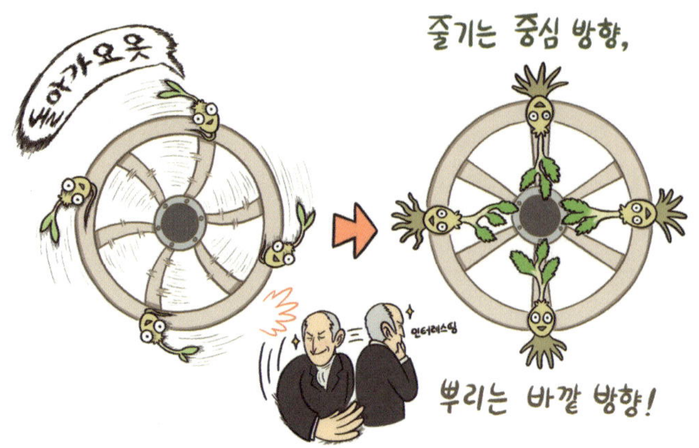

회전 속에서 드러나는 식물의 비밀

1800년대 초반, 영국의 식물학자 토마스 나이트(Thomas Knight)는 아주 독특한 실험을 했습니다. 식물의 씨앗을 회전하는 물레방아에 고정한 뒤, 회전시키며 키워본 것이죠. 과연 회전하며 자란 식물은 어떻게 자랐을까요? 놀랍게도, 씨앗에서 자라난 식물의 줄기는 물레방아의 중심 쪽으로, 뿌리는 바깥쪽을 향해 자랐습니다. 평소 식물을 키울 때 당연하게 줄기는 위로, 뿌리는 아래로 자랐던 것과는 전혀 다른 결과였죠. 왜 이런 결과가 나타난 걸까요?

식물을 회전시킨 이유

자연 속에서 식물을 보면 줄기는 늘 위쪽(하늘 방향)으로, 뿌리는 아래쪽(땅 방향)으로 자랍니다. 너무나 당연해 보이지만, 사실 이 현상은 단순한 우연이 아닙니다. 이것은 식물이 중력이라는 자극을 감지하고 그에 맞춰 자라는 방향을 스스로 조절하는 능력이 있기 때문이죠. 이러한 식물의 특성을 '굴중성(Gravitropism)'이라고 부릅니다.

나이트는 이러한 식물의 굴중성을 인공적으로 확인해보기 위해, 회전하는 물레방아의 원심력을 이용한 것이었어요. 우리가 회전하는 놀이기구를 탈 때 몸이 바깥쪽으로 밀리는 느낌이 들죠? 이처럼 물레방아를 빠르게 회전시키면 식물도 바깥쪽으로 힘을 받게 됩니다. 나이트는 이 원심력을 일종의 '인공 중력'으로 활용한 것이죠.

그리고 그 결과, 놀랍게도 회전하며 자란 식물은 이 인공 중력(원심력)에 반응했습니다. 뿌리는 원심력이 강해지는 바깥쪽 방향으로, 줄기는 그 반대쪽인 안쪽 방향으로 자란 것입니다. 정말 흥미롭죠?

식물은 어떻게 중력을 감지할까?

그렇다면 식물은 어떻게 중력을 감지해 자라는 방향을 결정하는 걸까요? 그 비밀은 바로 옥신(auxin)이라는 식물 호르몬에 있습니다. 옥신은 식물의 성장을 조절하는 호르몬으로, 중력의 방향에 따라 세포 안에서 위치가 달라집니다. 식물은 바로 이 옥신의 분포를 바탕으로 줄기와 뿌리가 자라야 할 방향을 스스로 조절하는 것이죠. 그런데 여기서 흥미로운 점이 하나 있습니다. 옥신이 많이 모인 쪽에서 줄기와 뿌리가 서로 정반대의 반응을 보인다는 거예요.

- **줄기에서는** 옥신이 많이 모인 쪽의 세포가 더 빠르게 자랍니다.
  - → 그 결과 줄기는 옥신이 많은 쪽이 더 길어져 위쪽으로 휘며 자라게 됩니다.

- **뿌리에서는** 옥신이 많이 모인 쪽의 세포 성장이 오히려 억제됩니다.
  - → 그래서 옥신이 덜 모인 쪽이 더 길어지고, 뿌리가 아래쪽으로 구부러져 자라게 됩니다.

숫과서

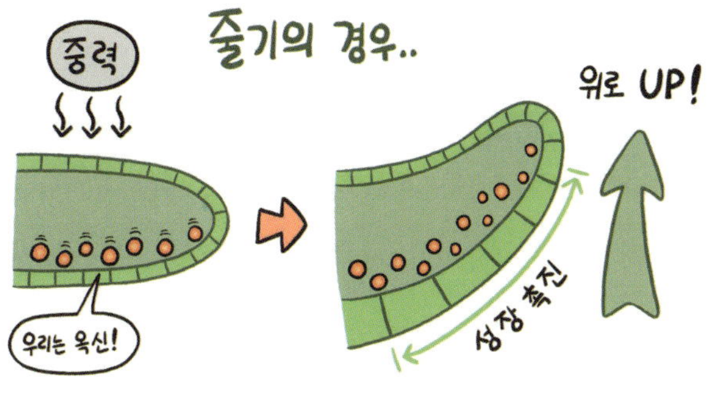

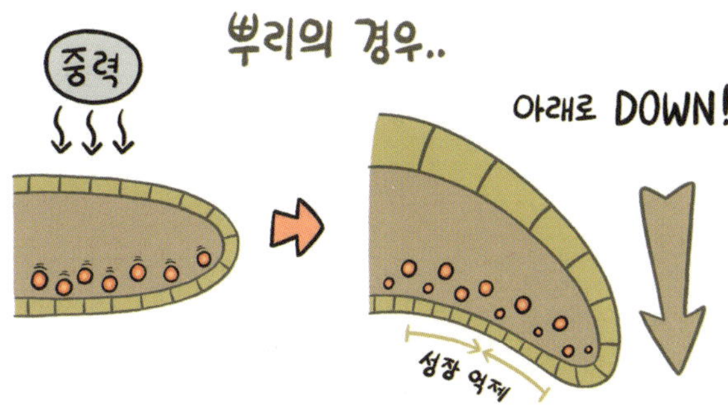

이처럼 줄기와 뿌리는 옥신의 작용 방식이 서로 다르기 때문에, 줄기는 위쪽으로, 뿌리는 아래쪽으로 자랍니다. 즉, 식물은 옥신을 일종의 나침반처럼 사용해 중력을 감지하고 자라날 방향을 잡는 것이죠.

이처럼 줄기와 뿌리가 중력에 반응해 서로 다른 방향으로 자라는 성질을 굴중성이라고 합니다. 굴중성 덕분에 식물은 언제나 뿌리를 흙 속 깊이 내리고, 줄기를 하늘 쪽으로 세워 빛을 최대한 받을 수 있습니다. 그래서 생명력이 강한 잡초는 뿌리째 뽑혀 옆으로 던져져도, 다시 땅을 향해 뿌리를 내리며 살아나곤 해요. 겉보기엔 움직이지 않는 것처럼 보여도, 식물은 끊임없이 환경을 느끼고 반응하며 살아가는 생명체라는 사실, 정말 놀랍지 않나요?

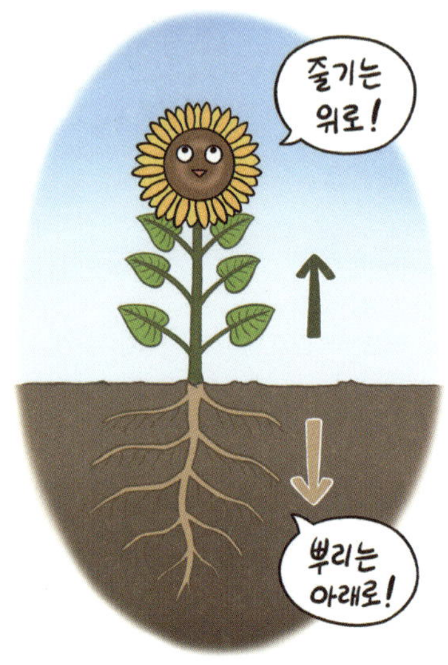

굴중성

식물이 중력의 방향을 감지해 자라는 방향을 조절하는 성질

줄기는 중력과 반대 방향(위쪽)으로, 뿌리는 중력 방향(아래쪽)으로 자라는 것이 대표적인 예입니다.

실험 사진

싹이 난 병아리콩을 수직으로 세워서 키워보았어요.

식물은 빛에 반응하는 습성이 있기 때문에 암막 상자로 빛을 차단하고 키워주었어요.

그랬더니 정말로! 식물의 줄기는 위로, 뿌리는 아래로 자라는 현상이 관찰됐답니다!

QR코드를 통해 식물이 중력을 감지하고, 그에 맞춰 자라는 방향을 조절하는 모습을 눈으로 직접 확인해보세요!

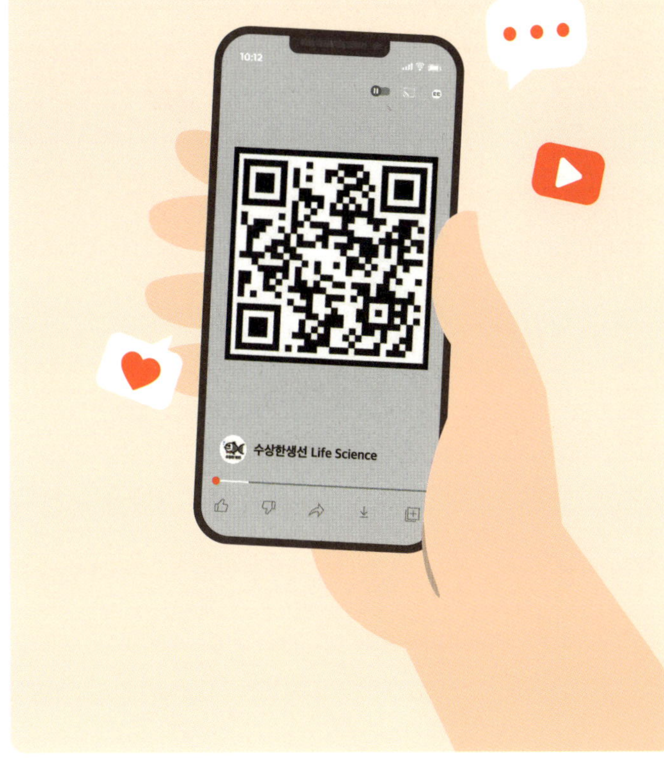

09

식물에 모자를 씌우면 어떻게 자랄까?

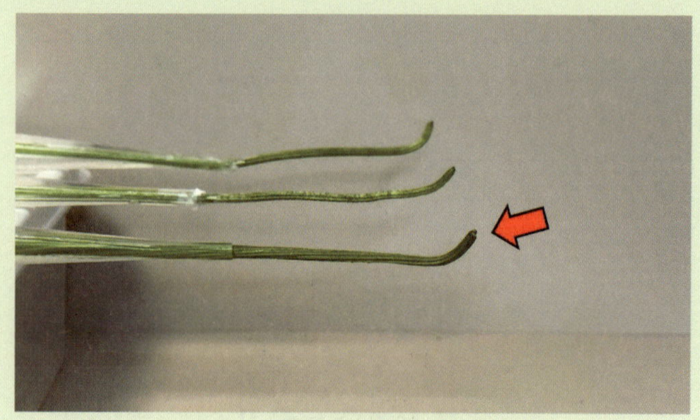

#굴광성

다윈의 발견

1800년대 후반, 진화론으로 유명한 과학자 찰스 다윈은 어린 식물에서 나타나는 흥미로운 현상에 주목했습니다. 창가에 놓인 새싹이 단순히 위로만 자라는 것이 아니고 빛이 들어오는 쪽으로 몸을 기울여 자라는 현상이었죠. 마치 식물이 스스로 빛을 향해 고개를 돌리는 듯한 모습이었습니다. 다윈은 이 단순해 보이는 현상에 다음과 같은 의문을 품었습니다.

"식물은 어떻게 빛을 느끼고, 왜 빛 쪽으로 굽어 자

라는 걸까?”

이 궁금증을 풀기 위해 다윈은 아들 프랜시스와 함께 실험을 시작했습니다. 그는 특히 빛을 감지하는 식물의 부위가 어디인지에 주목했죠. 실험 대상으로는 구조가 단순해 관찰이 쉬운 벼과식물(외떡잎식물)의 새싹을 선택했습니다.

식물에 모자를 씌우면?

다윈이 세운 가설은 다음과 같았습니다.

> “식물은 줄기 끝부분으로 빛을 감지하는 것이 아닐까?”

이를 확인하기 위해, 다윈은 어린 새싹에 작은 모자를 씌우는 실험을 했습니다.

실험 ① 투명한 모자 vs 불투명한 모자

다윈은 한 식물에는 투명한 모자를 씌우고, 또 다른 식물에는 불투명한 모자를 씌웠습니다. 그리고 창가에 두고 관찰해보니 놀라운 차이가 드러났어요. 투명한 모자를 씌운 식물은 여전히 빛을 향해 굽어 자랐지만, 불투명한 모자를 씌운 식물은 빛 쪽으로 굽지 않고 곧게 자란 것이었죠. 이 실험 결과는 식물의 줄기 끝부분이 빛의 방향을 감지한다는 것을 의미했어요.

실험 ② 검증 실험

다윈은 여기서 멈추지 않았습니다. 그는 이번에는 줄기 끝부분을 잘라내거나, 줄기의 아랫부분만 가려보는 실험을 이어갔는데, 그 결과는 명확했습니다. 줄기 끝부분이 잘린 식물은 빛에 아무런 반응을 하지 않았고, 줄기의 아랫부분만 가려진 식물은 빛을 향해 굽어 자랐습니다. 즉, 빛을 감지하는 부위는 바로 줄기의 끝부분이며, 그곳에서 뭔가 신호가 내려와 줄기를 굽어지게 만든다는 사실을 밝혀낸 것이죠.

식물은 어떻게 빛 쪽으로 몸을 굽힐까

하지만 여기서 여전히 풀리지 않은 수수께끼가 있었습니다. 빛을 받았다고 해서, 어떻게 식물이 빛이 있는 방향으로 몸을 굽힐 수 있는 걸까요? 단순히 식물이 빛을 감지하는 것만으로는 이 현상을 설명할 수 없었죠. 이 의문은 이후 여러 과학자들의

   숏과서

연구로 풀렸어요. 그 해답은 바로 앞 장에서도 다룬 '옥신'이라는 식물 호르몬에 있었습니다.

옥신은 줄기의 세포 성장을 촉진하는 역할을 합니다. 빛이 한쪽에서 비치면, 줄기 끝에 있는 빛 수용체(포토트로핀)가 이를 감지하고 신호를 보내요. 그러면 옥신이 줄기의 빛이 닿지 않는 그늘진 쪽으로 이동하게 되죠. 그 결과, 그늘진 쪽의 세포가 더 빠르게 자라면서 줄기가 빛 쪽으로 휘어지게 됩니다. 마치 식물이 스스로 고개를 돌려 햇빛을 따라가는 것처럼 보이는 이유가 바로 이것이죠.

이처럼 식물이 빛의 방향에 따라 몸을 기울여 자라는 현상을 '굴광성(Phototropism)'이라고 부릅니다. 쉽게 말해, 식물은 빛을 최대한 잘 받기 위해 호르몬이 일부러 비뚤게 분포하게 만드는 아주 영리한 전략을 쓰고 있는 셈이죠.

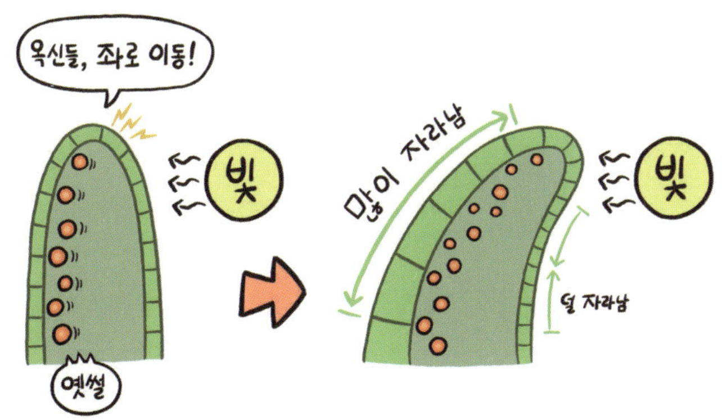

식물이 빛을 찾아 자라는 이유

식물은 동물처럼 먹이를 먹지 않고, 대신 햇빛을 이용해 스스로 영양분을 만드는 광합성이라는 과정을 통해 살아갑니다. 즉, 식물에게 햇빛은 '밥'과도 같은 존재인 셈이죠. 그래서 식물은 햇빛을 최대한 많이 받기 위해 빛이 들어오는 방향으로 몸을 기울여 자라려는 성질, 즉 굴광성을 가지게 되었습니다. 빛을 더 많이 받으면 광합성을 더 많이 할 수 있고, 그만큼 건강하게 자라 살아남을 확률도 높아지기 때문이죠. 말하자면 식물은 햇빛을 찾아 몸을 움직이는 '빛을 쫓는 생존 전략'을 가지고 있는 것이에요.

개념 숏! 정리

굴광성

식물이 빛의 방향에 따라 몸을 기울여 자라는 성질.

빛이 한쪽에서 비칠 때, 식물의 줄기 끝에서 빛을 감지한 뒤 그늘진 쪽에 '옥신'이라는 호르몬이 더 많이 이동하게 되고, 그 결과 그늘진 쪽 세포가 더 빠르게 자라면서 줄기가 빛 쪽으로 휘어짐.

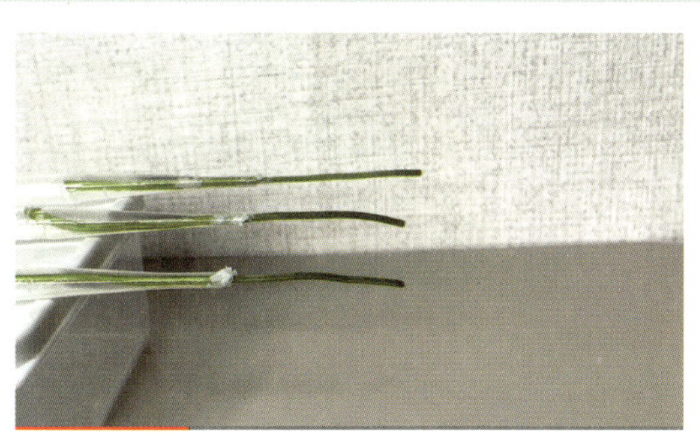

식물을 수평으로 키우면 어떻게 될까요?

굴중성에 의해 줄기가 위로 휘어지며 자라요. 그렇다면 중력이 거의 없는 우주에서는 식물을 어떻게 키울까요? 바로 굴광성을 이용한답니다!

QR코드를 통해 식물을 수평으로 키우는 실험을 살펴보고, 우주에서는 식물이 어떻게 자라는지 확인해보세요!

10

단풍잎을 갈아보면
충격적인 사실이 나타난다?

#단풍

단풍잎을 갈아보면 보이는 비밀

가을이 오면 초록색이던 잎들이 노랑, 주황, 붉은색으로 물드는 '단풍' 현상이 나타납니다. 사람들은 여러 색으로 아름답게 물든 잎들을 보며 감상에 젖지만, 생물학을 사랑하는 분들이라면 단풍이 어떻게 물드는지 과학적 원리가 더 궁금할 거예요. 초록색이던 잎의 색깔은 어떻게 다양한 색으로 변하는 걸까요?

그 답을 알아내는 법은 간단합니다. 잎을 갈아서 색소를 직접 비교해보면 되는 것이죠. 잎의 색소를 비교하기 위해서는 다양한 분자들이 섞인 혼합물을 분리하는 실험 방법인 '크로마토그래

                                      숏과서

피'라는 실험 기법을 사용합니다. 이 실험은 간단하지만, 잎 속에 숨은 색소의 정체를 한눈에 확인할 수 있는 흥미로운 방법이죠.

크로마토그래피 실험 과정

1. 색소 추출

잎을 막자사발에 넣고 갈아주며 색소 추출액(에탄올 등)을 부어 색소를 녹여냅니다.

2. 시료 준비

추출한 용액을 크로마토그래피 판의 아래쪽에 작은 점으로 찍어줍니다.

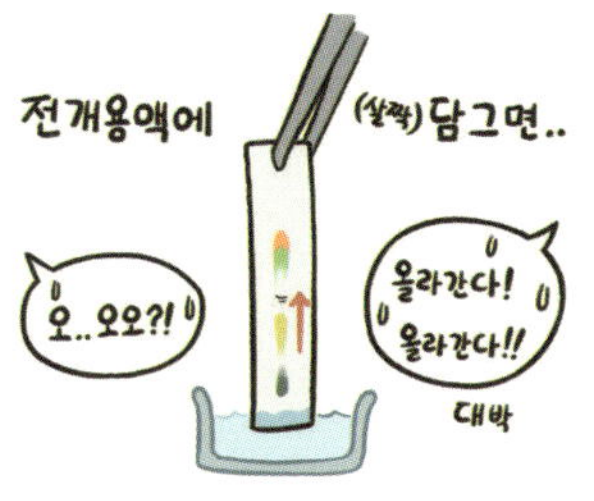

3. 전개하기

색소를 찍은 판을 전개 용액에 담그면, 용액이 판을 타고 위로 올라가면서 색소를 끌어올립니다.

4. 결과 확인

시간이 지나면 잎 속 색소들이
여러 층으로 분리된 모습이 나타
납니다.

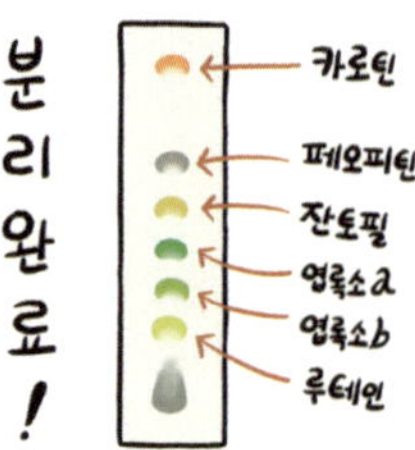

용액이 판을 따라 올라가는 과정을 '전개된다'고 부릅니다.
잎 속의 색소들은 각각 분자의 크기와 화학적 성질이 다르기 때
문에, 전개 용액을 따라 이동하는 속도와 거리가 서로 달라요.
그래서 실험이 끝난 뒤 판을 꺼내 보면, 잎 속 색소들이 마치 무
지개처럼 여러 층으로 나뉘어 있는 모습을 볼 수 있죠.

잎에는 초록색만 있는게 아니다?

잎은 겉으로 보기에는 초록색으로 보이지만, 사실 잎 속에는
아주 다양한 색소가 숨어 있습니다. 그러나 평소에는 다른 색소
들의 색이 잘 보이지 않는데, 이는 다른 색소들이 초록색 색소인
엽록소에 가려져 있기 때문이죠. 엽록소는 햇빛을 흡수해 광합
성을 진행하는 데 꼭 필요한 색소로, 식물이 에너지를 얻기 위해
반드시 필요합니다. 여름처럼 식물이 활발히 성장하는 시기에
는 잎 속에 엽록소가 매우 풍부하게 존재하기 때문에 잎이 짙은

초록빛으로 보이는 것이죠. 그래서 잎 속의 다른 색소들은 평소엔 엽록소 뒤에 가려져 숨어 있습니다.

하지만 가을이 되어 낮이 짧아지고 기온이 떨어지기 시작하면, 식물은 잎을 유지하는 것보다 잎을 떨어뜨리는 편이 생존에 더 유리해져요. 그래서 식물은 잎으로 가는 수분과 영양분을 서서히 차단해 잎을 떨어뜨릴 준비를 합니다. 이 과정에서 잎 속의 엽록소가 분해되기 시작하면서, 그동안 엽록소에 가려 보이지 않던 다른 색소들이 서서히 드러나게 됩니다. 우리가 가을에 보는 단풍의 색깔은 바로 이 과정에서 드러난 색소들의 색이죠. 그러니 정확히 말하자면 단풍은 잎이 죽어가는 과정에서 잠깐 동안 나타나는 현상이었던 것이랍니다.

색소 비교 실험

1. 초록 잎 vs 노란 잎 (은행잎 실험)

초록색 은행잎과 노란색으로 단풍이 든 은행잎을 크로마토그래피로 비교해보면, 놀랍게도 두 잎의 색소 구성은 거의 동일합니다. 한눈에 보기엔 색이 전혀 다른데 왜 이런 결과가 나왔을까요?

노란색, 주황색을 띠는 단풍잎들은 카로티노이드(Carotenoid)

계열의 색소로 인해 나타납니다. 카로티노이드는 평소에도 잎 속에 존재하지만, 여름에는 엽록소의 녹색에 가려져 보이지 않죠. 그런데 가을이 와서 엽록소가 분해되면, 그동안 가려져 있던 카로티노이드 색소가 드러나기 시작하는 겁니다. 카로티노이드 색소에는 카로틴(Carotene)과 잔토필(Xanthophyll)이 있는데, 카로틴이 많으면 주황색, 잔토필이 많으면 노란색 단풍잎이 됩니다. 은행잎이 노랗게 물드는 이유는 잔토필이 많기 때문이에요.

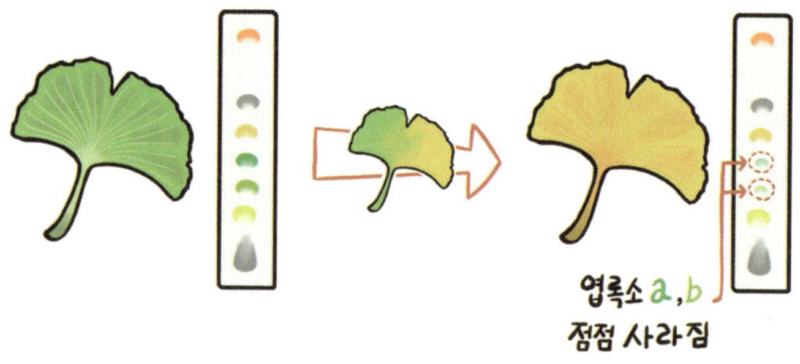

가끔 단풍이 드는 과정의 은행잎을 보면 초록색과 노란색이 섞여 있는 경우를 보기도 합니다. 이는 초록빛 엽록소가 빠져나가고 있는 중간 단계이기 때문이에요. 그러니 이런 노란색과 주황색 단풍잎은 사실 새로운 색소가 생긴 것이 아니라, 엽록소가 사라지면서 원래 있던 색소가 드러나는 것입니다. 즉, 은행잎이 노랗게 되는 현상은 '물이 드는 것'이 아니라 '물이 빠지는 것'이

     숯과서

더 정확한 표현이죠!

2. 초록 잎 vs 붉은 잎 (붉은 단풍잎 실험)

붉은색 단풍잎을 갈아 크로마토그래피 실험을 해보면, 노란 색 은행잎과는 전혀 다른 결과가 나타납니다. 노란색 은행잎은 엽록소가 분해되며 카로티노이드 색소가 드러나는 것이었지만, 붉은색 단풍잎은 새로운 색소가 실제로 만들어지는 경우이기 때문이죠.

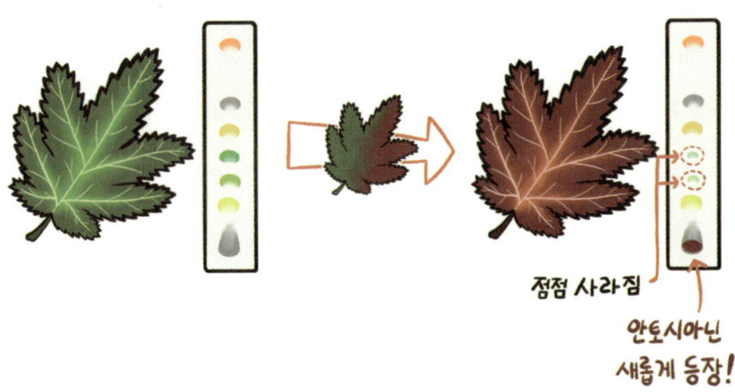

붉은빛의 정체는 안토시아닌(Anthocyanin)이라는 색소입니다. 안토시아닌은 카로티노이드와 달리, 원래 잎 속에 있던 색소가 아니라 가을이 되면서 새로 합성되는 색소입니다. 이 색소는 자외선으로부터 잎을 보호하거나 해충의 접근을 막는 데 도움을

쳐요. 그래서 노란색과 주황색을 띠는 단풍잎이 엽록소가 사라지며 본래의 색이 드러난 결과라면, 붉은 단풍잎은 정말로 새로운 색이 생겨 '물드는' 잎이라고 할 수 있지요.

단풍은 잎의 마지막 순간

기온이 낮아지고 낮의 길이도 짧아지면, 식물은 잎을 유지하는 대신 떨어뜨릴 준비를 시작합니다. 잎과 줄기 사이에는 '떨켜층'이라는 막이 형성되어, 잎으로 가는 물과 양분의 이동이 점점 차단되죠. 영양 공급이 끊긴 잎은 서서히 기능을 잃고, 그 마지막 순간에 남은 색소들이 드러나면서 단풍이 만들어집니다. 이렇게 생겨난 단풍은 오래 머무르지 못하고 곧 낙엽이 되어 떨어집니다.

결국 단풍은 잎이 생을 마무리하기 전에 세상에 남기는 짧고도 찬란한 마지막 빛깔인 것이죠.

개념 숏! 정리 

단풍

가을철 엽록소가 분해되며 다른 색소가 드러나거나 생성되어 잎의 색이 변하는 현상

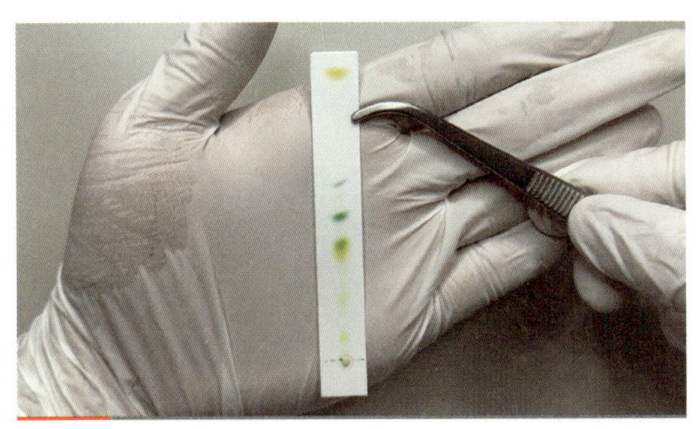

초록색 잎을 크로마토그래피로 분리하면 여러 색소가 이렇게 분리돼요.

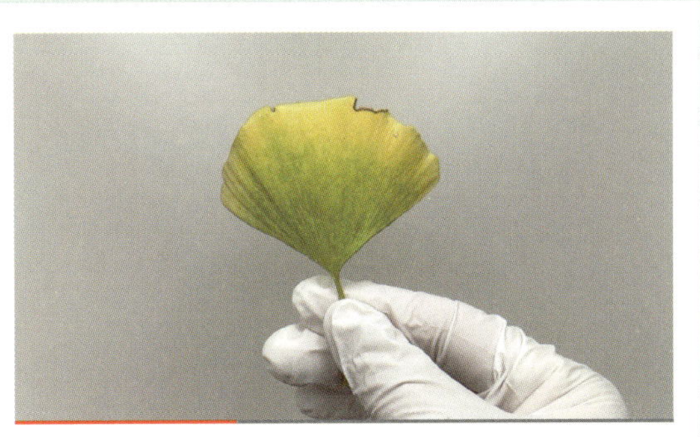

은행잎에서 초록색 엽록소가 분해되어 사라지고 있어요.

붉은색 단풍잎과 초록색 단풍잎의 색소 구성은 어떨까요?

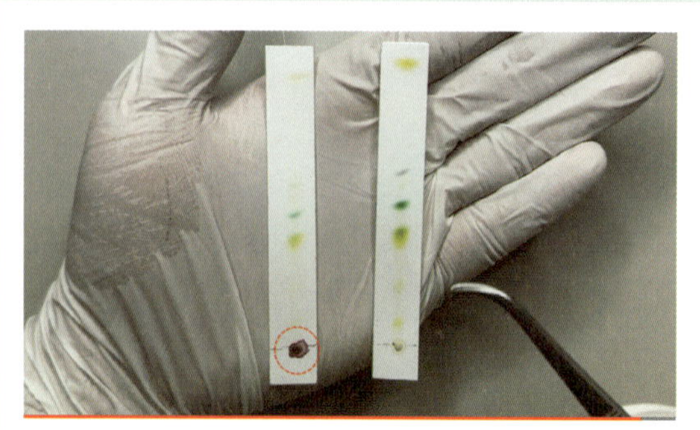

붉은색 단풍잎의 아래 부분에 안토시아닌 색소가 드러났
어요.

QR코드를 통해 단풍잎 속 색소를 직접 분리해보고, 단풍의 색이 어떻게 생기는지 영상으로 확인해보세요!

11

낙엽을 만드는
기체가 있다?

#낙엽

식물은 잎을 일부러 떨어뜨린다

우리는 매년 가을이면 나뭇잎이 우수수 떨어지는 모습을 당연하게 여기지만, 사실 낙엽은 매우 신비로운 현상입니다. 여름에는 태풍이 불어도 잘 떨어지지 않던 잎들이, 가을이 되면 마치 약속이라도 한 듯 한꺼번에 떨어지죠. 과학자들은 이 현상이 단순히 바람이나 중력 때문에 일어나는 과정이 아니라, 식물이 스스로 잎을 떨어뜨리는 능동적인 과정이라는 사실을 밝혀냈습니다. 그렇다면 식물은 어떻게, 그리고 왜 잎을 떨어뜨리는 걸까요?

떨켜층의 발견

1900년대 초, 유럽의 한 식물학 연구실. 현미경으로 낙엽을 관찰하던 과학자들은 놀라운 사실을 발견했습니다. 낙엽 잎자루와 줄기 사이에 다른 세포들과는 모양이 다른 얇은 세포층이 존재했던 거예요. 이 구조는 이후 '떨켜층(abscission layer)'이라 불리게 되었어요. 즉, 낙엽은 단순히 바람에 의해 떨어지는 것이 아니라, 식물이 스스로 떨켜층을 만들어 의도적으로 잎을 떨어뜨리는 것이었죠.

하지만 또 다른 의문이 남았습니다. 어떻게 여름에는 잎이 단단히 붙어 있다가, 가을만 되면 그리 쉽게 떨어질까요? 그 차이를 결정짓는 신호가 무엇인지 밝히기 위해 과학자들은 실험을 시작했습니다.

1. 잎을 붙잡는 신호

과학자들은 잎자루의 세포에서 분비되는 '비밀 신호'가 있을 것이라고 추측했고, 그 신호를 찾기 위한 실험을 시작했죠. 첫 번째 후보는 '옥신(auxin)'이라는 성분이었습니다. 과학자들은 확인을 위해 식물의 잎자루에 옥신을 인위적으로 주입한 뒤, 낙엽이 떨어지는 속도를 관찰해 보았습니다. 결과는 아주 놀라웠는

데, 옥신을 주입한 잎에서는 떨켜층이 거의 발달하지 않았고, 심지어 가을이 되어도 잎이 쉽게 떨어지지 않았던 것입니다. 이로써 옥신의 농도가 높을수록 잎이 더 오래 붙어 있는다는 사실이 밝혀졌습니다. 옥신은 잎이 떨어지는 것을 억제하는 '붙잡는 신호'였던 것이죠.

2. 잎을 떨어뜨리는 신호

하지만 아직 풀리지 않은 의문이 남았습니다. 그렇다면 왜 계절이 바뀌면 결국 잎이 떨어지는 걸까요? 연구자들은 이번에는 에틸렌(ethylene)이라는 기체 호르몬에 주목했습니다. 그들은 잎을 에틸렌 가스에 노출하는 실험을 진행했는데, 결과는 더 놀라웠습니다. 에틸렌 농도를 높이자 떨켜층 형성이 급격히 촉진되었고, 잎들이 마치 약속이나 한 듯 동시에 떨어져 버린 것이죠. 떨켜층 형성을 유도하는 진짜 신호는 에틸렌이었다는 것을 발견한 것입니다.

여름과 가을, 호르몬의 균형

과학자들은 이 두 실험을 통해 잎의 운명을 결정하는 두 가지 신호를 밝혀냈습니다. 옥신은 떨켜층 형성을 억제해서 잎을 유지하는 신호이고, 에틸렌은 떨켜층 형성을 촉진해서 낙엽을 유도하는 신호라는 것을 알게 된 거죠.

여름에는 잎에서 옥신이 많이 분비되어 떨켜층의 형성이 억제되기 때문에 잎이 단단히 붙어 있습니다. 하지만 가을이 되면 낮의 길이가 짧아지고 기온이 낮아지면서, 옥신의 분비는 줄어들고 에틸렌의 생성은 늘어나요. 그 결과 떨켜층이 점차 발달하고, 잎은 스스로 떨어질 준비를 마치게 되는 것이죠. 즉, 낙엽은 바람이나 중력에 의해 떨어지는 것이 아니고, 식물이 호르몬의 균형을 바꾸어 스스로 잎을 떨어뜨리는 과정인 것입니다.

그리고 흥미롭게도, 이때 형성되는 떨켜층은 단순히 잎을 떨어뜨리는 역할만 하는 것이 아닙니다. 떨켜층이 생기지 않은 잎을 억지로 떼어내면 식물의 연한 조직이 드러나 세균이나 바이러스가 쉽게 침입할 수 있어요. 그러나 떨켜층이 완성되면 그 부위가 단단히 막혀, 식물을 병원체로부터 지켜주는 보호막 역할을 하죠.

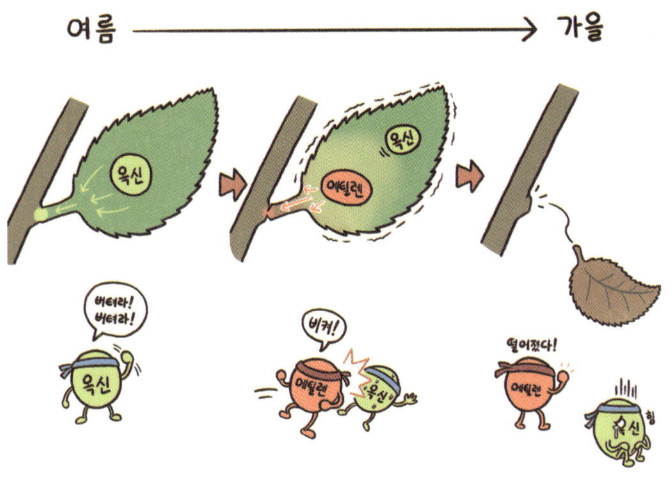

모든 잎을 떨어뜨린 식물은 겨울이 지나 봄이 오면 다시 광합성을 시작해야 합니다. 하지만 잎이 모두 떨어진 상태에서는 곧바로 새로운 잎을 만들기 어렵기 때문에, 식물은 미리 '겨울눈'이라는 특별한 구조를 준비해 둔답니다. 겨울눈은 보통 낙엽이 붙어 있던 자리 바로 위에 있으며, 그 속에는 이미 봄에 자라날 새싹이 들어 있어요. 겨울눈에는 꽃이 되는 꽃눈, 잎이 되는 잎눈이 따로 존재합니다. 예를 들어 목련의 커다란 꽃눈을 잘라보면 여러 장의 꽃잎과 암술, 수술이 이미 자리하고 있는 것을 볼 수 있죠.

이 겨울눈은 낙엽을 떨군 뒤 갑자기 생기는 것이 아닙니다. 식물은 여름 동안 열심히 광합성을 하며 얻은 에너지를 이용해, 겨울눈 속에 새싹과 꽃의 설계를 미리 완성해 두어요. 그래서 겨울이 지나고 따뜻한 봄이 오면, 식물은 기다렸다는 듯 새 잎과 꽃을 피워내며 다시 생명을 이어가는 것이지요.

어쩌면 식물들은 겨울눈 속에 봄을 담아둔 걸지도 모르겠네요.

낙엽

식물이 계절 변화에 따라 스스로 잎을 떨어뜨리는 현상. 옥신의 감
소와 에틸렌의 증가로 인해 떨켜층이 형성되며 일어남.

떨켜층

잎자루와 줄기 사이에 형성되는 얇은 세포층으로, 낙엽이 떨어질 때
잎을 자연스럽게 분리시키는 역할을 함.

겨울눈

식물이 생명 활동을 이어가기 위해 미리 만들어 두는 새싹의 씨앗 같
은 구조. 낙엽이 떨어진 자리 바로 위에 형성되며, 그 속에는 봄에 자
라날 잎이나 꽃의 형태가 작게 들어 있음.

실험 사진

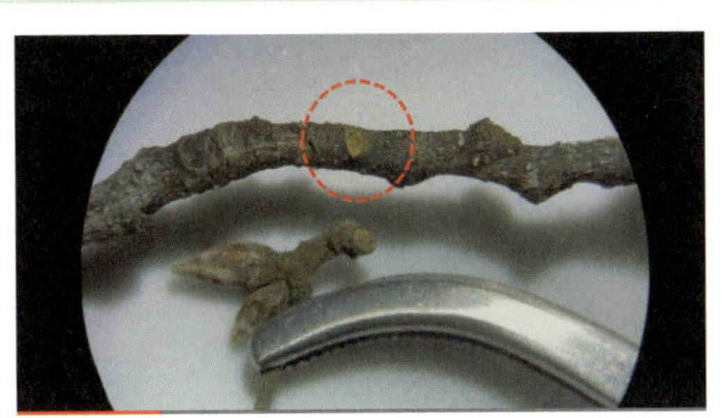

떨켜층은 이런 모습이에요.

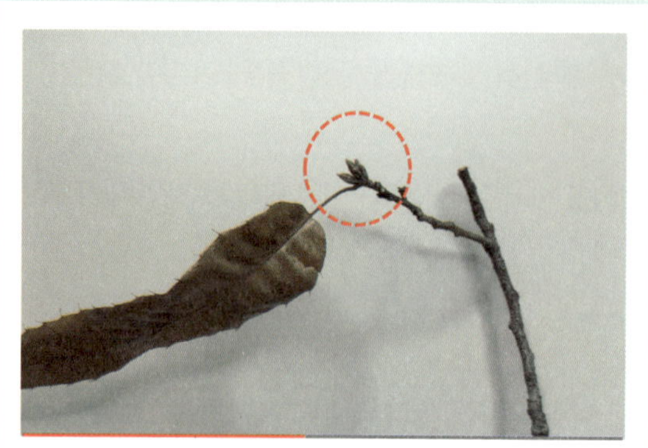

낙엽 윗부분에 겨울눈이 있어요.

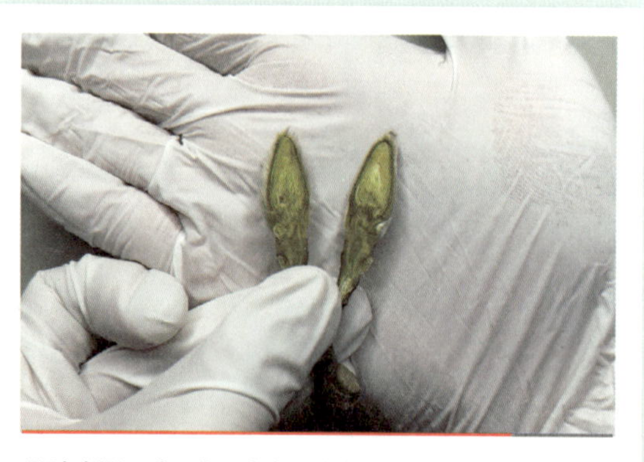

목련의 꽃눈 내부에는 이미 꽃잎이 형성되어 있답니다!

QR코드를 통해 식물이 낙엽을 떨어뜨리기 위해 만드는 떨켜층과,
겨울을 나기 위해 준비한 겨울눈을 영상으로 관찰해보세요!

12

움직이는 정자를 만들어내는
식물이 있다?

#이끼의 정자

이끼가 만들어낸 정자

현미경으로 이끼를 관찰하던 19세기 과학자들은 어느 날 믿기 힘든 장면을 목격했습니다. 이끼에 맺힌 작은 물방울 속에서 미세한 세포들이 스스로 움직이며 헤엄치는 모습을 발견했기 때문이죠. 놀랍게도 이것의 정체는 이끼가 만들어낸 '정자'였습니다. 식물이 동물처럼 움직이는 정자를 만든다는 사실은 당시 과학자들에게 큰 충격을 주었습니다. 이끼는 어째서 움직이는 정자를 만들어내는 걸까요?

물이 필요한 식물, 이끼

　이끼는 작고 단순해 보이지만, 물과 아주 특별한 관계를 맺고 있는 식물입니다. 우리가 흔히 보는 식물들은 뿌리와 줄기 속의 관다발조직을 통해 물을 멀리까지 운반하지만, 이끼에는 이런 구조가 없어요. 그래서 이끼는 나무처럼 줄기를 타고 물을 끌어올릴 수 없고, 대신 몸 전체로 빗물이나 이슬을 직접 흡수하며 살아갑니다. 이러한 특성 때문에 이끼는 항상 습한 환경을 필요로 합니다. 햇빛이 강하거나 공기가 건조한 곳에서는 금세 말라 버리기 때문에, 대부분 그늘지고 촉촉한 바위나 나무 밑둥 같은 곳에

서 자라죠. 그래서 숲속 그늘진 바닥이나 폭포 주변에서 마치 초록색 융단처럼 이끼가 모여 있는 모습을 자주 볼 수 있는 거예요.

그런데 물은 이끼의 생존 뿐만 아니라 번식에도 꼭 필요한 요소입니다. 이끼류는 대부분 두 개의 긴 편모를 가진 정자를 만드는데, 이 정자들은 물속을 헤엄쳐 스스로 난자를 찾아갑니다. 그래서 이끼의 정자는 수분이 없으면 이동할 수 없어요. 이 때문에 이끼의 번식은 주로 비 오는 날에 이루어진답니다.

이끼만 정자를 만드는 것이 아니다?

이끼의 번식과 성장 과정에 물이 필수적인 이유는, 육상식물의 조상이 물속에 살던 녹조류(green algae)였기 때문입니다. 즉, 이끼의 정자는 조상으로부터 이어받은 유산인 셈이죠. 그런데 사실 이렇게 움직이는 정자를 만드는 것은 이끼만의 특이한 능력이 아니에요! 육상식물 진화의 초기 단계에 해당하는 이끼류(선태식물)를 비롯해, 고사리 같은 양치식물, 소철류, 은행나무류에서도 물 속을 헤엄쳐 난자에 도달하는 운동성 정자가 만들어진답니다. 쉽게 말해서, 이들은 모두 물이 있어야만 수정이 가능한, 과거 식물이 바다에서 육지로 올라오던 시절의 방식을 아직도 간직하고 있는 식물들인 거죠.

꽃가루는 후발 주자

우리가 익숙하게 알고 있는 식물의 번식 방법은 꽃가루를 이용한 방식이죠? 하지만 놀랍게도, 꽃가루를 이용한 번식은 오히려 진화의 후기에 등장한 특별한 전략이에요. 육지 환경은 건조하기 때문에 물에 의존해 번식하던 방식으로는 한계가 있었습니다. 그래서 속씨식물(현화식물)과 대부분의 겉씨식물은 꽃가루라는 구조를 발달시켜, 바람이나 곤충을 통해 수정에 필요한 세포를 전달하는 방법을 발달시킨 거랍니다.

정리하자면, 오늘날 흔히 보이는 꽃가루 번식 방식이 오히려 '특별한 적응의 결과'이고, 반대로 움직이는 정자를 이용한 번식

방법은 식물이 바다에서 육지로 올라온 흔적을 간직한 원시적인 특징이라고 볼 수 있어요. 그러니 이끼의 정자가 물방울 속을 헤엄치는 모습은, 수억 년 전 식물이 물속에서 살던 시절의 흔적을 엿볼 수 있는 장면이랍니다.

개념 숏! 정리

이끼류의 특성

1. 관다발조직이 없다.
2. 습한 환경에서만 살 수 있다.
3. 물이 있어야 번식할 수 있다.
4. 운동성 정자를 만든다.

이것은 우산이끼라는 이끼에요.

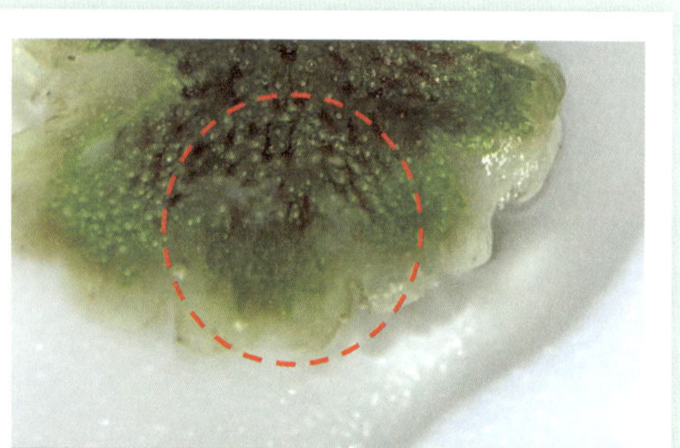

우산이끼를 물에 넣었더니 정자가 나오고 있어요!

QR코드를 통해 우산이끼가 물 속으로 정자를 방출하는 순간을 영상으로 직접 확인해보세요!

동물의 과학

동물은 어떻게 살아갈까?

04

13

번데기 내부에선
어떤 일이 일어날까?

#곤충의 한살이

애벌레와 나비는 왜 다르게 생겼을까

옛날 사람들은 애벌레와 나비가 전혀 다른 생물이라고 생각했습니다. 기어 다니며 풀잎을 갉아먹는 애벌레의 모습과, 날개를 펴고 하늘을 나는 나비의 모습이 너무 달라서 두 생물이 같은 생물이라고 전혀 상상하지 못했던 것이죠. 하지만 곤충의 일생을 차근차근 관찰하다 보면, 애벌레가 나비로 바뀌는 신비로운 과정을 목격할 수 있었죠. 이후 과학자들은 여러 곤충을 직접 길러 보며 '탈바꿈'이라는 생물학적 현상을 체계적으로 기록하기 시작했습니다.

그런데 여러 곤충들을 관찰하며 비교하다 보니, 모든 곤충이 같은 방식으로 변하는 것은 아니라는 사실이 드러났어요. 어떤 곤충은 애벌레, 번데기, 성충처럼 성장 단계마다 전혀 다른 모습으로 뚜렷하게 나누어지는 반면, 또 다른 곤충은 어린 시절부터 성충과 비슷한 모습으로 태어나 조금씩만 변하며 자랐습니다. 이러한 연구를 통해 곤충의 탈바꿈에는 두 가지 유형이 있다는 사실이 밝혀졌습니다. 이제 우리는 곤충의 이 두 가지 탈바꿈, 완전탈바꿈과 불완전탈바꿈을 하나씩 살펴보려 합니다.

1. 완전탈바꿈

완전탈바꿈을 하는 곤충은 성장 단계마다 몸의 모습과 생활 방식이 완전히 달라집니다.생활사는 알 → 애벌레(유충) → 번데기 → 성충의 네 단계로 이어지며, 대표적으로 나비, 벌, 파리, 딱정벌레 등이 완전탈바꿈을 하죠.

애벌레(유충) 단계

알에서 깨어난 애벌레는 성충과는 전혀 다른 모습입니다. 이 시기에는 엄청난 양의 먹이를 먹어서 몸집을 빠르게 키우는 것이 애벌레 단계의 가장 큰 임무예요.

번데기 단계

충분히 자란 애벌레는 더 이상 먹이를 먹지 않고, 고치나 단단한 껍질 속으로 들어가 번데기가 돼요. 번데기는 겉보기에는 가만히 있는 것 같지만, 내부에서는 놀라운 변화가 일어납니다. 번데기 내부에서는 애벌레의 근육과 장기 같은 조직들이 분해되어 녹아버리고, 새로운 성충의 기관이 다시 만들어지죠.

성충 단계

시간이 지나 번데기 껍질을 깨고 성충이 나옵니다. 흥미롭게도 번데기에서 나온 성충은 애벌레와 생김새 뿐 아니라 먹이와 생활 환경까지도 완전히 달라진답니다!

2. 불완전탈바꿈

불완전탈바꿈을 하는 곤충은 성충과 비슷한 모습으로 태어나, 조금씩 자라며 성충이 됩니다. 생활사는 알 → 약충 → 성충의 세 단계로 이어지며, 대표적으로 메뚜기, 사마귀, 바퀴벌레 등이 불완전탈바꿈을 하죠.

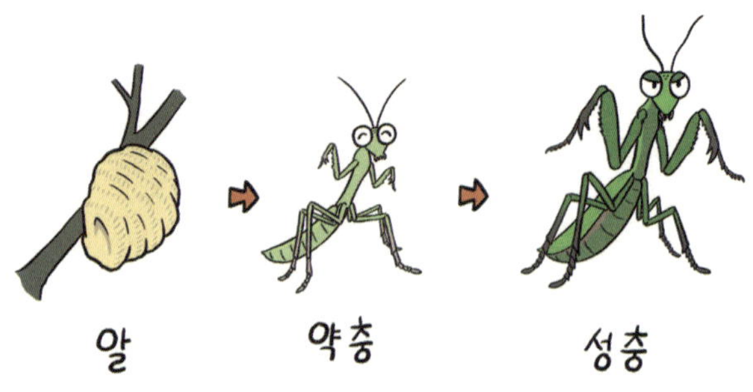

약충 단계

알에서 태어난 약충은 성충과 비슷하게 생겼지만, 크기가 작고 아직 날개가 없으며 번식 능력도 없습니다.

성장 과정

약충은 여러 번 허물을 벗으며 점점 커지고, 허물을 벗을 때마다 몸이 성충에 가까워져요. 날개가 점차 발달하고, 생식 기능도 완성됩니다.

성충 단계

마지막 허물을 벗으면 비로소 날개를 펼치고 번식할 수 있는 성충이 됩니다!

두 방식을 비교해 보면,

완전탈바꿈

- 유충과 성충의 모습과 생활 방식이 완전히 다르다.

- 번데기 단계가 있다.

- 애벌레와 성충이 다른 먹이를 먹어, 먹이 경쟁이 줄어든다.

불완전탈바꿈

- 약충과 성충의 모습과 생활 방식이 비슷하다.

- 번데기 단계가 없다.

- 성충과 약충이 같은 환경에서 점진적으로 자란다.

탈바꿈의 의미

곤충의 탈바꿈은 단순한 '변신 쇼'가 아닙니다. 세대를 이어 가고 환경에 적응하기 위해 정교하게 진화한 생존 전략이죠. 완전탈바꿈 곤충은 애벌레와 성충이 서로 다른 먹이를 먹어서 같은 종끼리 먹이 경쟁을 피할 수 있다는 장점이 있습니다. 반면 불완전탈바꿈 곤충은 태어날 때부터 성충과 비슷한 모습으로 태어나고 자라서, 덕분에 먹이나 서식지를 바꾸지 않고 안정적으로 생존할 수 있다는 장점이 있고요.

결국 곤충의 탈바꿈은 단순한 모습의 변화가 아니라, 각기 다른 방식으로 환경에 적응해 살아남기 위한 진화의 결과인 셈입니다. 대단하지 않나요?

완전탈바꿈
알 → 애벌레 → 번데기 → 성충

불완전탈바꿈
알 → 약충 → 성충

번데기 내부에선 무슨 일이 일어나고 있을까요?

모기가 번데기에서 성체로 우화중입니다. 모기는 완전탈바꿈을 하는 곤충이에요.

이것은 매미의 번데기가 아니에요. 매미는 불완전탈바꿈을 하거든요!

번데기 단계에서 어떤 일이 일어나는지, 영상으로 확인해보세요!

모기의 한살이를 영상으로 확인해보세요!

매미의 불완전탈바꿈을 영상으로 확인해보세요!

강아지의 침에도
아밀레이스가 있을까?

#소화효소

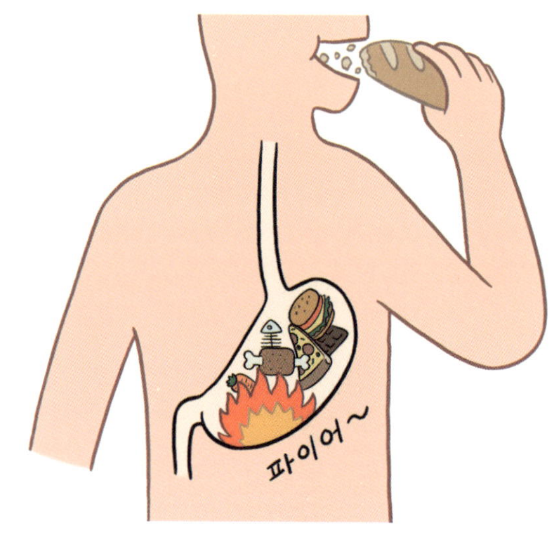

위 속에 불이 있다

　사람들은 오래 전부터 "우리가 먹은 음식이 몸속에서 어떻게 변하는 걸까?"라는 궁금증을 가졌습니다. 음식을 먹으면 힘이 나고 몸이 자라는 것은 알았지만, 그 과정이 정확히 어떻게 이루어지는지는 알지 못했어요. 고대와 중세 사람들은 몸속의 위를 마치 냄비처럼 음식을 끓이거나 태워 없애는 곳이라고 믿었답니다. 위 속에 '불 같은 열'이 있어서 음식을 익히고, 그 힘으로 우리가 살아간다고 생각했던 것이죠.

헬몬트의 새로운 시각

그러던 중 17세기, 벨기에의 과학자 헬몬트는 음식물의 소화를 조금 더 과학적으로 이해하려 했습니다. 그는 위 속에서 일어나는 일이 단순한 '불의 작용'이 아니라 화학적인 반응일 수 있다고 생각했죠. 헬몬트는 위가 음식물을 발효시키는 장소라는 주장을 하며, 소화가 단순히 열에 의한 것이 아니라 '화학 반응'일 수 있다는 새로운 관점을 제시했습니다. 비록 완전한 설명은 아니었지만, 소화를 화학적인 과정으로 바라본 첫 시도였지요.

위 속을 직접 들여다본 보몬트

소화의 비밀이 본격적으로 밝혀진 것은 19세기 초였습니다. 미국의 의사 윌리엄 보몬트(William Beaumont)는 총상을 입은 환자를 치료하던 중, 위에 난 상처가 완전히 아물지 않아 작은 구멍이 생긴 환자를 만나게 됩니다. 그 덕분에 보몬트는 음식물이 위에서 어떻게 변하는지를 실제로 관찰할 수 있게 되었어요.

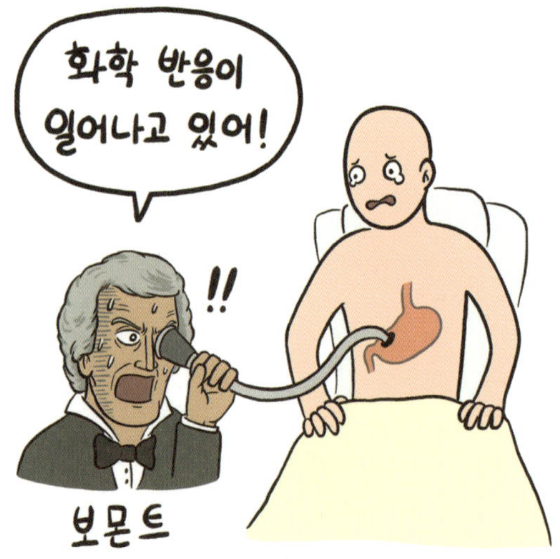

그는 작은 음식 조각을 환자의 위 속에 넣고, 시간이 지나면서 음식에 어떤 변화가 일어나는지를 차근차근 기록했습니다.

그 결과, 음식이 단순히 열에 의해 '익는 것'이 아니라, 위액이라는 특별한 액체에 의해 화학적으로 분해된다는 사실을 알게 되었습니다. 이 발견으로 인해 소화는 단순히 음식을 태워 없애는 과정이 아니라, 위액 속 성분이 일으키는 화학적인 분해 과정이라는 것이 분명해졌습니다.

소화 효소의 발견

보몬트의 연구 이후 과학자들은 위액과 소화액 속에 들어 있는 특별한 성분들을 하나하나 밝혀냈어요. 그 정체는 바로 '소화 효소'였습니다. 소화 효소는 음식 속의 커다란 분자를 잘게 자르는 가위와 같아요. 우리가 먹는 음식은 대부분 크고 복잡한 분자로 이루어져 있어, 그냥은 몸에 흡수될 수 없습니다. 하지만 효소가 이 분자들을 작은 조각으로 잘라 주면, 우리 몸은 그 조각들을 흡수해 에너지와 영양분으로 활용할 수 있게 되죠. 그렇다면 우리 몸에는 어떤 소화 효소들이 있고, 각각 어떤 역할을 하고 있을까요?

1. 입에서 일어나는 소화 — 아밀레이스

밥을 오래 씹으면 단맛이 나는 이유를 아시나요? 그 이유는 침 속에 들어 있는 아밀레이스라는 소화효소 때문입니다. 밥이나 빵, 감자에는 전분(녹말)이라는 탄수화물이 많이 들어 있는데, 아밀레이스는 이 전분을 화학적으로 분해하여 엿당 같은 작은 당으로 바꿉니다. 이때 엿당은 단맛이 나는 물질이기 때문에, 밍밍하던 밥알이 씹을수록 달콤하게 느껴지는 것이랍니다.

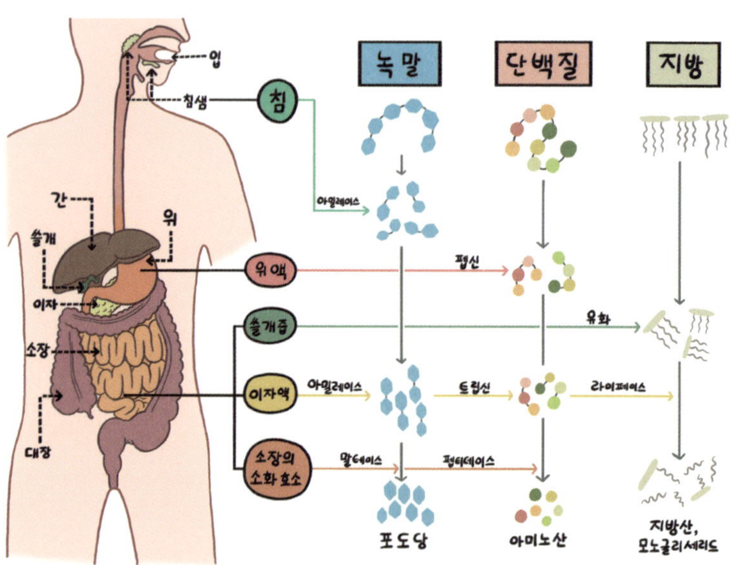

2. 위에서 일어나는 단백질 소화 — 펩신

음식이 위에 도착하면 본격적으로 단백질의 소화가 시작됩니다. 위에서는 강한 산성인 위산이 분비되어 음식물을 풀어주고 세균을 죽여요. 그리고 단백질을 직접 자르는 역할은 펩신이라는 소화 효소가 담당하죠. 펩신은 커다란 단백질 분자를 잘라 폴리펩타이드라는 작은 조각으로 만든답니다.

3. 소장의 '화학 공장' — 췌장 효소와 담즙

음식이 소장에 도착하면, 췌장과 간에서 나온 소화액들이 합세해 음식을 완전히 분해합니다.

- 아밀레이스, 말테이스 : 전분을 더 작은 포도당으로 분해
- 트립신 : 단백질 조각을 잘라 아미노산으로 분해
- 라이페이스 : 지방을 지방산과 모노글리세리드로 분해
- 쓸개즙 : 지방을 잘게 쪼개 효소가 더 쉽게 작용하도록
  도움

이처럼 우리가 먹은 음식은 입, 위, 소장을 거치면서 여러 소화 효소의 도움을 받아 소화됩니다. 그 결과 큰 덩어리였던 음

식은 결국 포도당, 아미노산, 지방산, 모노글리세리드 같은 작은 분자가 되어 우리 몸에 영양분으로 흡수돼요. 소화는 단순히 음식을 부수는 과정이 아니라, 우리 몸이 에너지를 얻고 성장할 수 있게 만드는 생명의 화학 공정인 셈입니다.

개념 숏! 정리

소화
음식물을 작은 분자로 분해하여 우리 몸이 에너지와 영양분으로 흡수할 수 있게 만드는 과정.

소화 효소
음식 속 큰 분자를 잘게 쪼개어 소화를 돕는 효소 단백질

실험 사진 

강아지의 침이 나오도록 유도중이에요.

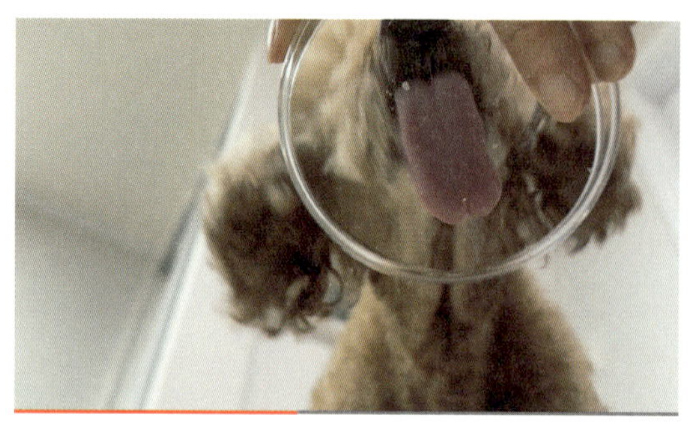

강아지 침을 채취해주었어요.

강아지 침에 아밀레이스가 있는지 실험으로 확인해 보았
어요.

QR코드를 통해 강아지의 침에도 아밀레이스가 존재하는지, 귀여운 실험 과정과 놀라운 결과를 영상으로 확인해보세요!

15

밥을 많이 먹으면 왜 손가락까지 살이 찔까?

#소화, 순환, 호흡, 배설

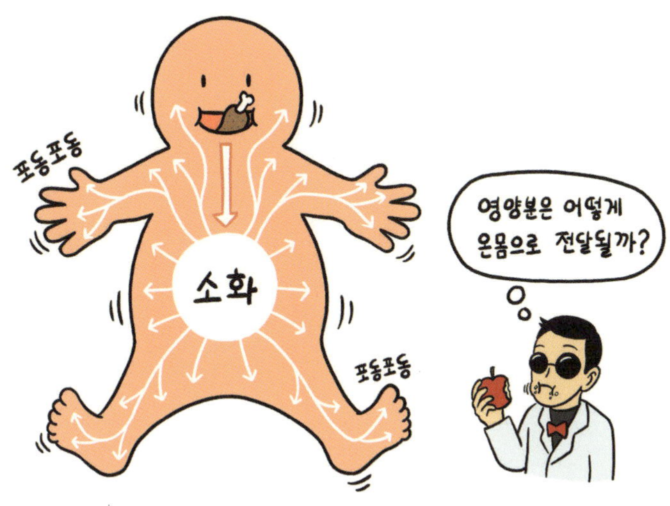

소화된 영양분은 어디로 갈까

앞 장에서 우리는 음식이 소화 효소에 의해 잘게 분해되어 몸이 쓸 수 있는 영양분으로 바뀌는 과정을 살펴보았습니다. 그런데 여기서 또 하나의 의문이 생겨나요.

"그렇다면 소화된 영양분은 어떻게 몸 구석구석까지 전달될까?"

소화기관은 배 속에만 있지만, 영양분은 발끝과 손끝의 세포

하나하나에 모두 전달되어야 합니다. 이렇게 먼 거리까지 영양분이 골고루 퍼질 수 있는 이유는 뭘까요? 그건 바로 우리 몸속을 끊임없이 순환하며 흐르고 있는 혈액 덕분입니다.

우리 몸을 도는 붉은 액체

옛날 사람들은 혈액을 단순히 몸속을 채우고 있는 붉은 액체라고만 생각했습니다. 어떤 학자들은 혈액이 몸속에서 계속 새로 만들어졌다가 점점 소모되어 사라진다고 믿기도 했죠. 그런데 17세기, 영국의 의사 윌리엄 하비(William Harvey)가 이 오해를 깨뜨렸습니다. 그는 동물의 심장을 해부하고, 혈관을 묶어 혈액의 흐름을 관찰하는 실험을 반복했어요. 그 결과, 심장이 펌프처럼 혈액을 내보내고, 그 혈액이 몸 구석구석으로 퍼져있는 혈관들을 따라 온몸을 순환한 뒤 다시 심장으로 돌아온다는 사실을 밝혀냈습니다. 즉, 혈액은 계속해서 새로 생기거나 사라지는 것이 아니라 심장을 중심으로 끊임없이 온몸을 순환한다는 것을 증명한 것이죠.

이러한 혈액의 흐름을 따라 소화로 만들어진 영양분도 몸 구석구석으로 퍼져 나갑니다. 덕분에 우리가 먹은 음식은 단순히 소화기관에서 잘게 쪼개지는 데서 끝나지 않고, 온몸의 세포에 영양분으로 전달되는 것이지요. 게다가 혈액은 영양분만 나르는 것이 아닙니다. 산소를 실어 나르고, 노폐물을 거두어 가는 등 호흡과 배설에도 중요한 역할을 한답니다.

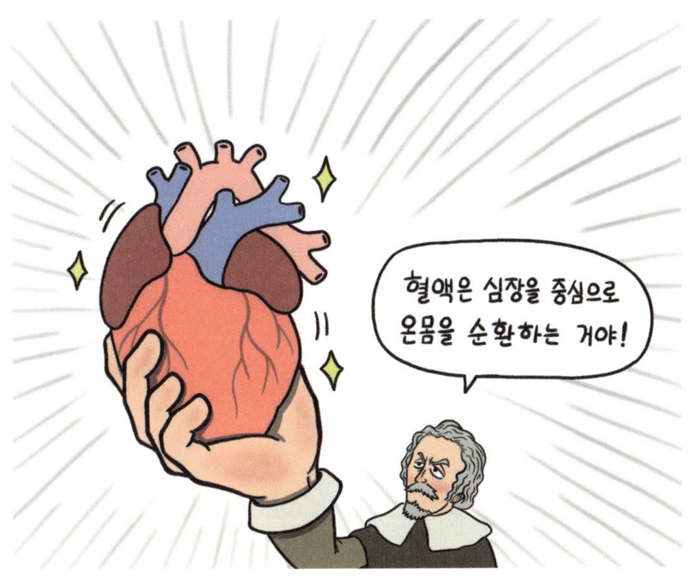

산소가 없다면 영양분도 소용없다

혈액은 영양분뿐만 아니라 산소도 함께 운반합니다. 세포는 영양분만으로는 에너지를 만들어낼 수 없고, 반드시 산소가 함께 있어야만 ATP라는 에너지를 만들어낼 수 있어요. 그래서 우리는 며칠 동안 음식을 먹지 않아도 버틸 수 있지만, 숨은 단 몇 분만 멈추어도 위험해지는 것이죠.

혈액은 우리 몸을 끊임없이 순환하며, 폐에서 받아온 산소를 온몸의 세포에 전달하고 세포에서 생긴 이산화탄소를 다시 폐로 실어 나릅니다. 이때 산소는 적혈구 속 헤모글로빈에 실려 각 조직으로 퍼지고, 이산화탄소는 혈액을 따라 폐로 이동해 우리가 숨을 내쉴 때 몸 밖으로 빠져나간답니다.

몸속의 노폐물은 어떻게 내보낼까

세포가 영양분과 산소를 사용해 에너지를 만들면, 이산화탄소 외에 다양한 노폐물도 같이 생깁니다. 그중 대표적인 것이 단백질을 분해할 때 생기는 '요소'예요. 요소 같은 노폐물들은 혈액을 타고 신장(콩팥)으로 이동하는데, 신장은 마치 정수기처럼 혈액 속의 물질들을 걸러내어, 필요한 물질은 다시 몸으로 돌려보내고 필요 없는 물질은 모아 오줌으로 만듭니다.

이때 오줌에는 요소뿐 아니라 몸에 과도하게 쌓인 물이나 염분도 함께 포함되어 배출되고, 이 덕분에 우리 몸은 일정한 균형을 유지할 수 있어요. 그래서 물을 많이 마신 날에는 오줌 색이 맑고 투명해지고, 땀을 많이 흘린 날에는 짙은 색의 오줌이 나오는 거죠. 따라서 오줌은 노폐물을 배출하는 수단일 뿐만 아니라, 몸의 균형을 지켜 주는 중요한 조절 장치이기도 합니다. 이렇게 오줌이 만들어지는 배설 과정 또한 혈액의 순환 덕분에 이루어 지는 것이랍니다.

우리 몸의 네 가지 과정은 서로 이어진다

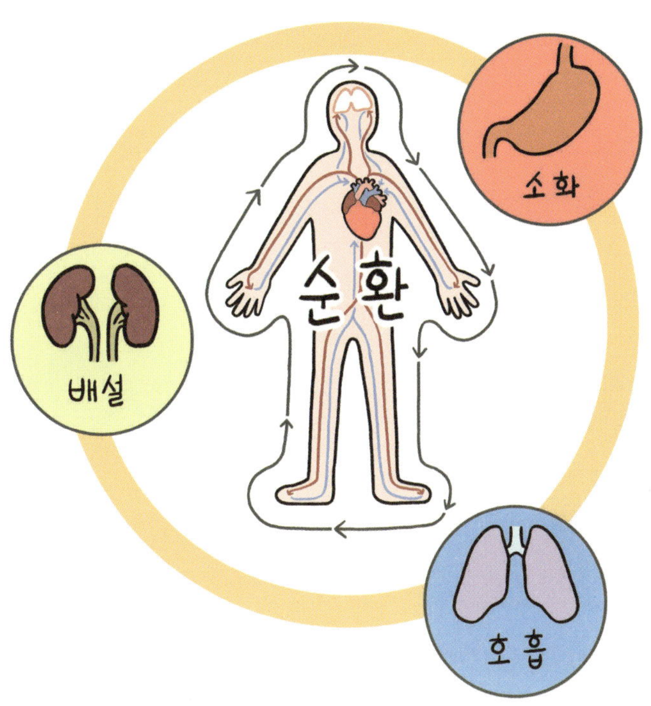

한번 정리해 볼까요? 소화 과정을 통해 음식이 작은 영양분으로 분해되고, 그 영양분은 혈액을 타고 온몸으로 퍼집니다. 이와 동시에 혈액에 호흡으로 들어온 산소도 함께 실려 가 온몸의 세포에 전달됩니다. 그리고 우리 몸의 세포들은 이 영양분과 산소를 사용해 에너지를 만들고, 그 과정에서 생긴 이산화탄소와 노폐물은 다시 혈액을 통해 내보냅니다. 그럼 혈액이 폐와 신장으로 이동해 호흡과 배설 과정을 거쳐 이산화탄소와 노폐물을 몸 밖으로 배출하죠.

이처럼 소화, 순환, 호흡, 배설은 따로따로 일어나는 과정이 아니라 하나로 이어진 긴 고리와 같습니다. 이 네 과정은 우리가 살아 있는 한 멈추지 않고 끊임없이 이어지고 있답니다.

개념 숏! 정리

소화

음식물을 화학적으로 분해해, 우리 몸이 흡수하고 에너지로 사용할 수 있는 영양분으로 바꾸는 과정.

순환

심장이 펌프처럼 혈액을 내보내 온몸을 돌게 하며, 영양분·산소를 운반하고 노폐물을 거두는 과정.

호흡

폐를 통해 산소를 받아들이고, 세포에서 생긴 이산화탄소를 몸 밖으로 내보내는 과정.

배설

혈액 속의 노폐물과 여분의 물, 염분을 신장에서 걸러 오줌으로 배출해, 몸의 내부 환경을 일정하게 유지하는 과정.

실험 사진

금붕어 꼬리를 확대해보면 무엇이 보일까요?

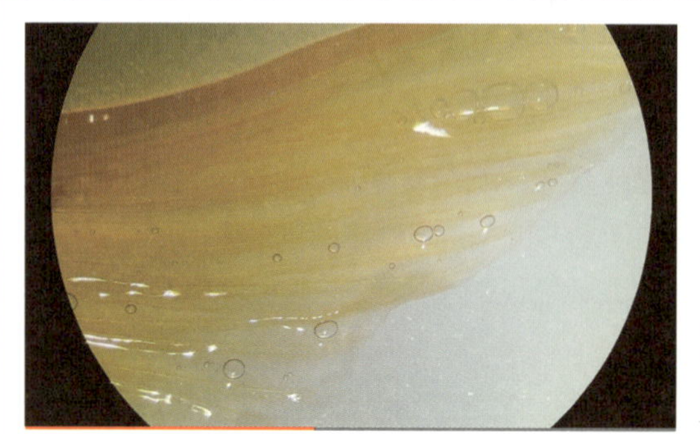

금붕어 꼬리를 확대해보았어요.

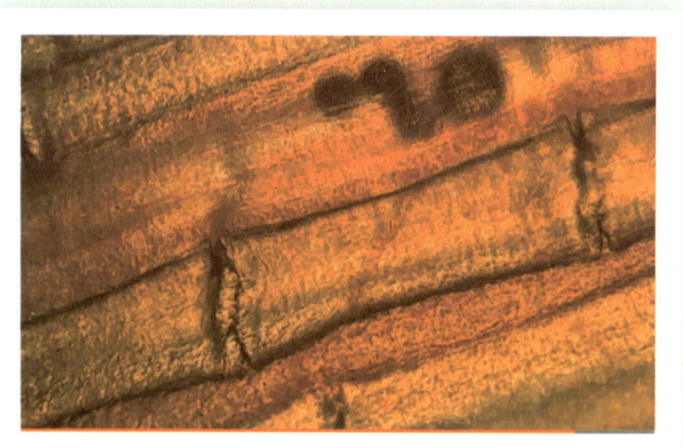

좀 더 확대해보면, 금붕어의 혈관 속 적혈구들이 순환하는 모습이 보여요!

QR코드를 통해 금붕어 꼬리 혈관 속 적혈구들의 움직임을 관찰하여, 실제 혈액이 순환하는 모습을 눈으로 직접 확인해보세요!

16

우리 몸은 왜 여름에도,
겨울에도 36.5도일까?

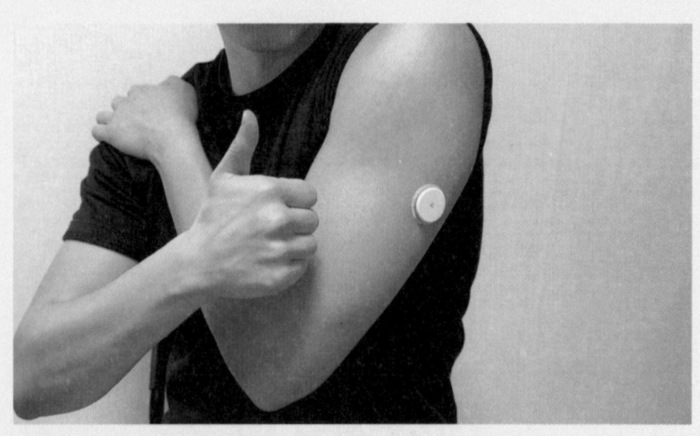

#항상성

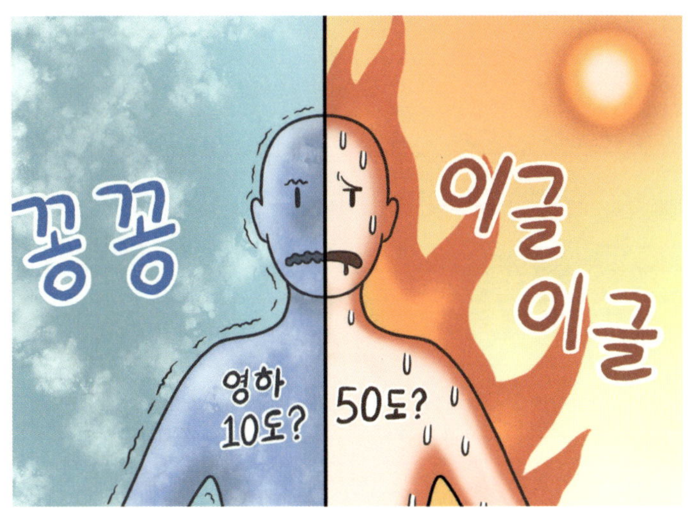

우리 몸의 이상한 특성

과거 사람들은 우리 몸에 대해서 꽤 단순하게 생각했습니다. 추운 곳에 있으면 몸의 온도도 곧바로 차가워지고, 여름의 뜨거운 햇빛 아래에서는 몸이 그대로 달아오른다고 말이죠. 또 물을 너무 많이 마시면 혈액이 묽어지고, 단 것을 많이 먹으면 피가 끈적끈적해진다고 믿었습니다. 우리 몸이 바깥 환경과 조건에 따라 그대로 변한다고 여겼던 거예요.

하지만 과학자와 의사들이 몸속을 연구한 결과는 전혀 달랐습니다. 우리 몸은 외부 환경이 어떻게 변하든 내부 상태를 일정하게 유지하려는 성질이 있다는 사실이 밝혀졌거든요. 우리 몸을 둘러싼 환경은 끊임없이 변하지만, 몸속에서는 수많은 기관과 호르몬이 서로 협력하며 몸의 상태를 일정하게 유지하려고 애쓰고 있습니다. 과학자들은 이러한 우리 몸의 성질을 항상성이라고 부른답니다.

항상성 덕분에 우리 몸은 다음과 같이 일정하게 유지돼요.

체온 일정(36.5℃)

추운 겨울이든 더운 여름이든 체온은 늘 약 36~37℃로 유지됩니다.

삼투압 일정

물을 마시거나 땀을 흘려도 몸속 염분의 농도(삼투압)는 일정하게 유지됩니다.

혈당량 일정

밥을 잔뜩 먹은 직후든 밤새 굶은 아침이든, 혈액 속 포도당의 양(혈당량)은 안정적으로 유지됩니다.

숏과서

그렇다면 우리 몸은 어떻게 체온, 삼투압, 혈당량을 일정하게 유지할까요?

1. 체온 조절

과학자들은 동물의 뇌 가운데에 있는 시상하부라는 부위를 자극했을 때 체온이 오르거나 내려가는 것을 관찰했어요. 이 연구 덕분에 체온을 조절하는 중요한 기관이 시상하부라는 사실이 밝혀졌습니다. 시상하부는 체온을 36~37℃로 맞추는 '체온 조절실' 같은 역할을 해요.

시상하부는 체온의 변화를 감지하면, 근육의 수축이나 땀의 증발 같은 반응을 통해 체온을 조절하라고 몸에 지시합니다. 추운 겨울에 밖에 나가면 몸이 덜덜 떨리죠? 이것은 근육이 빠르게 수축되어 떨리면서 열을 만들어 몸의 체온을 올리는 과정입니다. 반대로 무더운 여름에 땀이 나는 것은 땀이 증발하면서 열이 빠져나가 체온을 낮추는 방법이죠.

2. 삼투압 조절

물을 많이 마신 날에는 오줌이 투명해지고, 땀을 많이 흘린 날은 오줌이 진해진 경험이 있을 거예요. 이것이 바로 우리 몸의 삼투압 조절입니다. 몸속에 물이 너무 많아져서 혈액이 묽어지

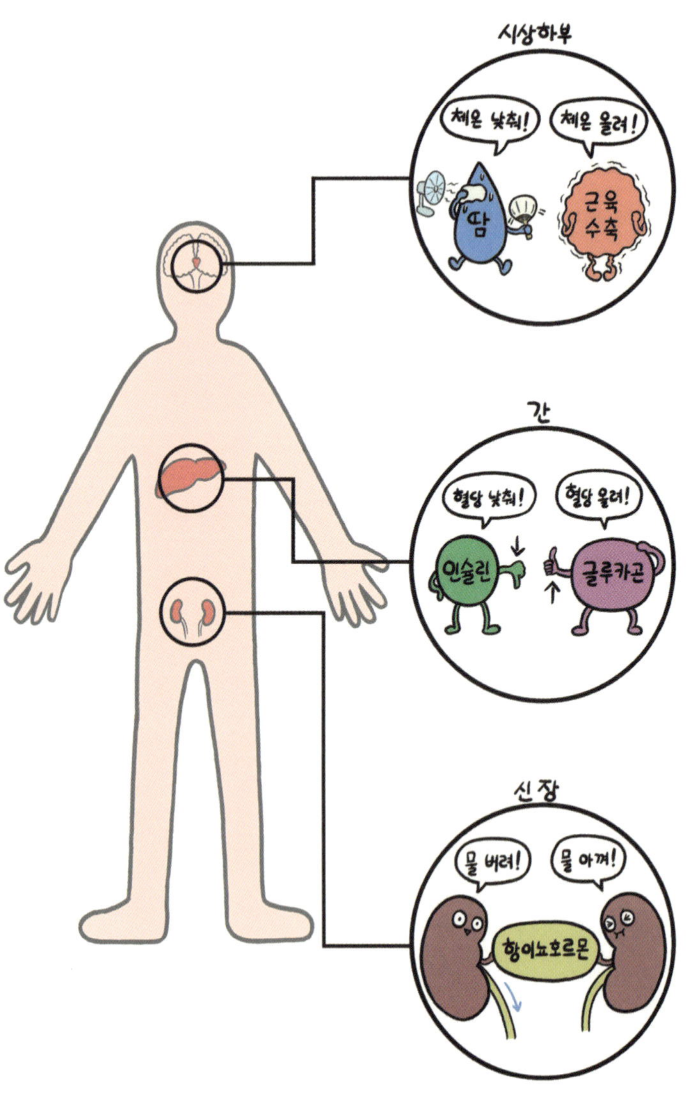

숏과서

면, 뇌에서 "물을 버려라"라는 신호가 내려가고, 이 신호를 감지한 신장이 많은 물을 오줌으로 내보냅니다. 반대로 물이 부족할 때는 "물을 아껴라"라는 신호가 내려가, 신장이 물을 다시 흡수해 오줌이 아주 진해지고요.

이 과정에는 항이뇨호르몬(ADH)이라는 호르몬이 중요한 역할을 합니다. 이 호르몬 덕분에 우리 세포는 언제나 알맞은 물과 소금의 농도 속에서 안전하게 살아갈 수 있어요.

3. 혈당량 조절

밥을 먹고 난 직후의 혈액 속에는 포도당이 아주 많아집니다. 그대로 두면 혈액이 끈적해지고 몸에 해로워요. 반대로 오랫동안 밥을 먹지 않거나 운동을 많이 하면 혈액 속의 포도당이 줄어들어 뇌와 근육이 쓸 에너지가 부족해집니다. 이때 우리 몸의 췌장은 두 가지 호르몬을 번갈아 분비하며 혈당을 조절해요.

- **혈당이 높을 때** : 인슐린이 분비되어 필요 이상으로 많은 포도당을 간에 저장합니다.
- **혈당이 낮을 때** : 글루카곤이 분비되어 간에 저장된 포도당을 꺼내 다시 혈액으로 보냅니다.

즉, 인슐린은 '혈당을 낮추는 조절자', 글루카곤은 '혈당을 높이는 조절자'로서 서로 균형을 이루며 혈당을 일정하게 유지해주는 것입니다. 대단하죠?

체온, 삼투압, 혈당량. 이 세 가지는 우리 몸을 건강하게 유지하기 위한 가장 기본적이고 중요한 조건들입니다. 겉으로는 아무 일도 일어나지 않는 것처럼 보이지만, 실제로는 뇌와 호르몬, 여러 기관들이 끊임없이 신호를 주고받으며 몸의 균형을 지키고 있죠. 바로 이 항상성 덕분에 우리는 추위나 더위 같은 환경 변화 속에서도 일정한 신체 작용을 유지할 수 있고, 물과 음식 섭취가 일정하지 않아도 살아갈 수 있으며, 언제 어디서든 안정적으로 필요한 에너지를 만들어낼 수 있는 것입니다.

향상성

외부 환경이 변하더라도 체온, 삼투압, 혈당량 등 몸속의 내부 환경
을 일정하게 유지하려는 성질

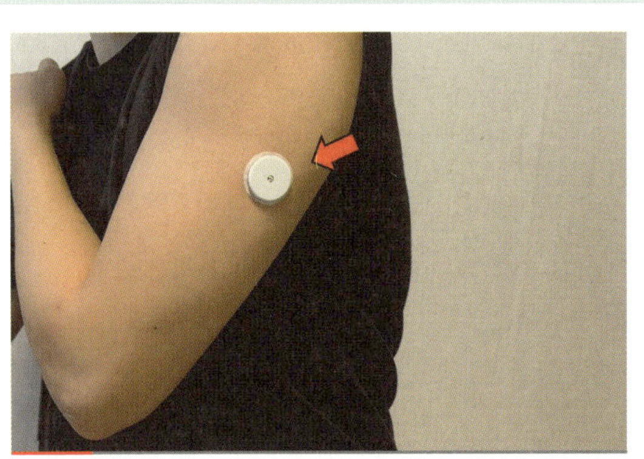

이 기계는 우리 몸의 혈당량을 측정해주는 기계예요.

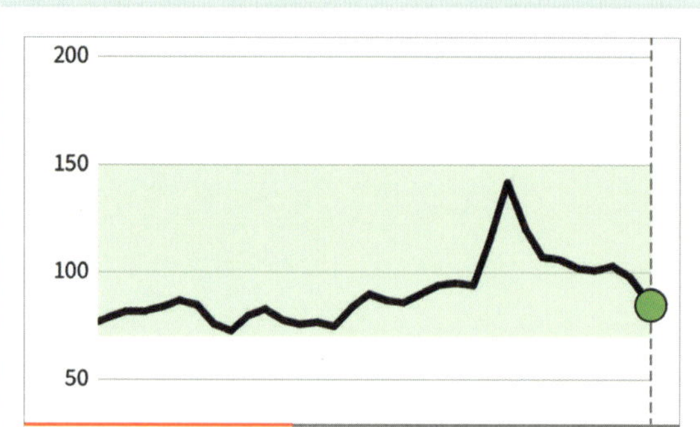

식사를 한 후 혈당량이 잠깐 오르지만, 금방 다시 내려오는 것이 보여요.

제로콜라는 혈당량을 높일까요?

QR코드를 통해 다양한 상황에서도 혈당량을 일정하게 유지하는 우리 몸의 항상성 작용을 영상으로 확인해보세요!

식물도 동물도 아닌 생명체들

이 생물의 정체는 뭘까?

Part

05

17

버섯은 왜
식물이 아닐까?

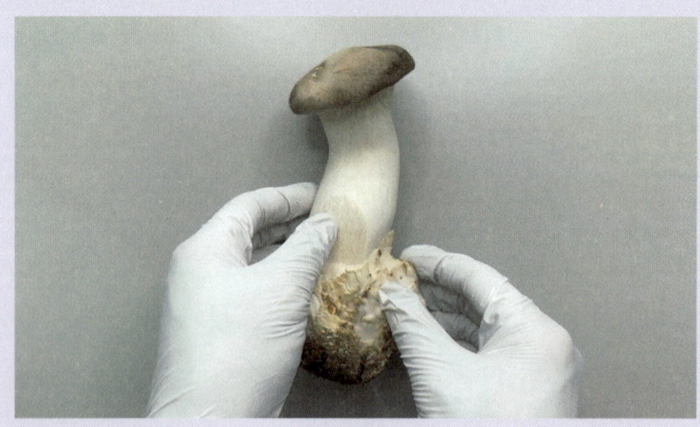

#균류

버섯의 정체

숲속에서 자라는 버섯을 보면 누가 봐도 식물처럼 보이지 않나요? 바닥에 뿌리를 내리고 자라는 듯하고, 생김새도 나무와 비슷하게 보이죠. 그래서 사람들은 오랫동안 버섯을 '식물의 한 종류'라고 믿었습니다. 하지만 이상한 점이 있었어요. 식물은 햇빛을 받아 광합성을 하여 스스로 영양분을 만들며 살아갑니다. 그러나 버섯은 오히려 햇빛이 닿지 않는 그늘진 곳이나 어두운 숲속에서 자라고 있었고, 씨앗이 아니라 포자(spore)라는 미세한 알갱이를 이용해서 번식하고 있었어요. 더 자세히 관찰해보니,

버섯은 광합성을 하지 못해 스스로 양분을 만들지 못하고, 죽은 나무나 낙엽 같은 유기물을 분해해 흡수하며 살아간다는 사실이 밝혀졌습니다.

"햇빛 없이도 자라는 식물이라니, 뭔가 이상한데?"

이 의문을 풀기 위해 과학자들은 버섯을 현미경으로 관찰하기 시작했습니다.

버섯이 식물이 아닌 이유

현미경으로 본 버섯은 식물과 완전히 다른 구조를 가진 생물이었어요. 식물은 세포 속에 엽록체가 있어 햇빛으로 양분을 만들지만, 버섯은 엽록체가 없어 광합성을 할 수 없거든요. 대신 다른 생물의 유기물을 분해해 영양분을 얻죠. 그래서 버섯은 늘 썩은 나무껍질이나 낙엽 위처럼 영양분이 풍부한 곳에서 자랍니다. 정리하자면, 버섯은 식물처럼 스스로 영양분을 만드는 생물이 아니라 동물들처럼 다른 생물로부터 영양분을 얻어야 하는 생물이었던 것이죠.

자세히 조사할수록 버섯은 식물보다 오히려 동물과 닮은 점이 많았습니다. 예를 들어 세포벽의 성분을 비교해보면, 식물은 셀룰로오스(cellulose)로 되어 있지만, 버섯의 세포벽은 곤충의 껍질과 같은 성분인 키틴(chitin)으로 이루어져 있었죠. 이러한 차이들이 밝혀지면서 과학자들은 버섯이 식물도, 동물도 아닌 또 다른 생물이라는 사실을 알게 되었습니다. 그리고 이 발견을 바탕으로, 버섯과 곰팡이, 효모 등을 하나로 묶어 '균류(Fungi)'라는 새로운 생물군으로 분류하게 되었어요.

버섯의 몸 구조

우리가 눈으로 보는 버섯은 사실 균류가 번식을 위해 만들어낸 구조물입니다. 버섯의 본체는 버섯 아래쪽에 위치하고 있죠. 버섯의 아래쪽에는 가느다란 실처럼 얽혀 있는 부위인 균사(hyphae)가 숨어 있고, 이 균사들이 모여 균사체(mycelium)를 이루어서 실제로 영양분을 흡수하는 역할을 합니다. 즉, 우리가 버섯이라 부르는 것은 균류의 본체가 아니라 번식을 하기 위한 기관이었던 거예요.

버섯은 영양분을 충분히 모으면 포자를 만들어 퍼뜨리며 번식합니다. 포자는 식물의 씨앗보다 훨씬 작고 가벼워서 바람이

나 빗물에 섞여 여러 곳으로 흩날려요. 새로운 곳에 떨어진 포자는 다시 균사를 자라게 하고, 그 균사들이 모여 또 다른 버섯을 만들어 내죠. 이런 번식 방법을 '포자 번식'이라고 합니다. 우리가 먹다 남긴 음식에 갑자기 곰팡이가 피거나, 햇빛이 잘 들지 않고 습한 곳에서 버섯이 돋아나는 현상도 이러한 균류의 포자 번식에 의해 일어나는 것이랍니다.

균류는 생태계의 청소부

균류는 죽은 동식물의 몸을 분해해 영양분으로 바꾸는 자연의 청소부입니다. 그래서 균류를 생태계의 분해자라고 부르죠. 만약 균류가 없다면 세상은 낙엽과 죽은 생물의 잔해로 뒤덮였을지도 몰라요. 균류는 이들을 분해해 다시 흙으로 돌려보내고, 그 흙에서 식물이 자라 새로운 생명이 만들어지도록 합니다. 즉, 균류는 생명의 순환을 이어주는 핵심 존재인 셈이죠.

균류는 인간의 삶 속에도 깊이 스며들어 있어요. 빵을 부풀게 하는 효모도 균류고, 치즈의 향을 만드는 것도 균류죠. 그리고 인류 최초의 항생제 페니실린(penicillin) 역시 푸른곰팡이라는 균류에서 발견되었습니다. 이처럼 균류는 썩히는 존재이기도 하지만, 동시에 다른 생명을 돕고 살리는 존재이기도 한 것이죠.

균류의 특징

① 광합성을 하지 않는다.

② 키틴으로 된 세포벽을 가진다.

③ 균사로 이루어진 몸을 가진다.

④ 포자로 번식한다.

⑤ 생태계의 분해자 역할을 한다.

실험 사진

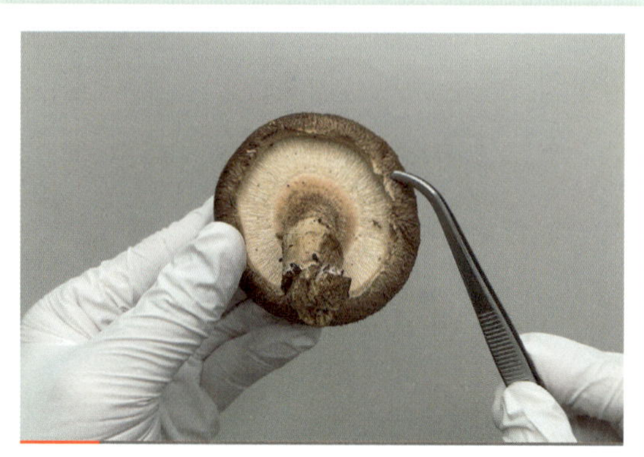

버섯의 갓 아래가 포자가 방출되는 부위예요.

버섯을 검은 종이 위에 올려두면 버섯의 포자를 관찰할 수 있답니다.

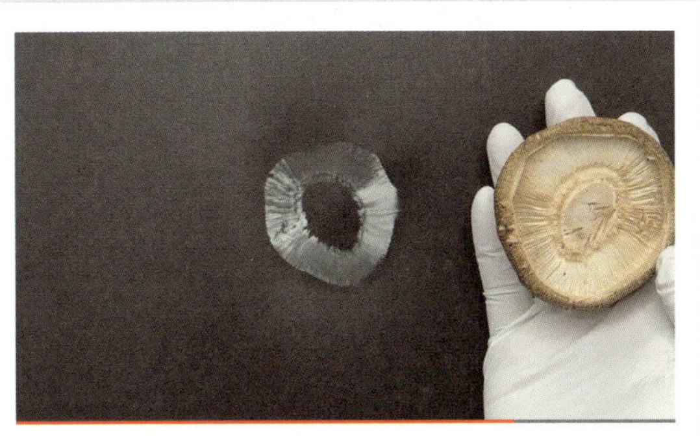

여기, 버섯에서 포자가 방출된 흔적이 보이시나요?

QR코드를 통해 버섯의 몸 구조와 번식방법, 그리고 버섯이 식물이 아닌 이유를 영상으로 직접 확인해보세요!

18

연못물을 현미경으로 확대하면 뭐가 보일까?

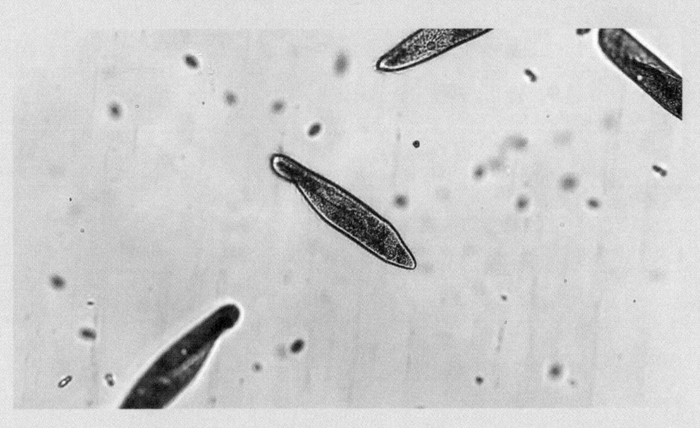

#원생생물

현미경으로 발견한 새로운 세계

17세기, 네덜란드의 과학자 안토니 반 레벤후크(Antonie van Leeuwenhoek)는 자신이 직접 만든 현미경으로 연못물을 한 방울 관찰했습니다. 그러자 그 속에서 육안으로는 전혀 볼 수 없던 수많은 미세한 생명체들이 꿈틀거리며 움직이는 모습이 보였죠. 레벤후크는 이 놀라운 장면을 보고 큰 충격을 받았습니다.

그런데 자세히 관찰해보니 더 놀라운 사실이 있었습니다. 이 작은 생명체들은 기존의 생물 분류로는 설명할 수 없는 존재였던 것이죠. 식물처럼 보이는데 활발하게 움직이는 종도 있고, 동물처럼 먹이를 먹으면서 동시에 햇빛을 이용해 광합성을 하는 종도 있었습니다. 과학자들은 이 수수께끼 같은 생명체들의 정체를 두고 오랫동안 논쟁을 벌였습니다. 어떤 사람은 "아주 단순한 식물이다"라고도 주장했고, 또 어떤 사람은 "아주 작은 동물이다"라고도 말했죠. 하지만 시간이 지나 현미경 연구가 발전하면서, 이들은 식물도 동물도 아닌 전혀 새로운 부류의 생명체라는 사실이 밝혀졌습니다.

과학자들은 이들을 하나로 묶어 '원생생물'이라고 부르게 되었습니다. 원생생물은 식물·동물·균류 어디에도 속하지 않는 생물입니다. 대부분은 현미경으로만 볼 수 있는 아주 작은 단세포 생물이지만, 그중 일부는 여러 세포가 모여 다세포로 자라기도 합니다. 예를 들어 바다의 김이나 미역처럼 수많은 세포가 모여 군체나 다세포 형태를 이루는 조류(algae)도 원생생물에 속하죠.

원생생물들은 놀라울 만큼 다양한 방식으로 살아갑니다. 어떤 원생생물은 세균이나 다른 미생물을 잡아먹고, 어떤 원생생물은 식물처럼 햇빛을 받아 광합성을 하며, 또 어떤 원생생물은 먹이도 먹고 광합성도 하는 두 가지 방식을 모두 사용하는 생물도 있습니다. 이들은 현미경 아래에서 처음 발견된 완전히 새로운 생명의 세계였습니다.

이번 장에서는 그 중에서도 대표적인 단세포 원생생물 세 가지를 살펴보겠습니다. 바로 짚신벌레, 아메바, 유글레나입니다.

1. 짚신벌레

짚신벌레는 이름처럼 짚신 모양을 한 미세한 생물이에요. 몸 표면에는 가느다란 털인 섬모(cilia)가 빽빽하게 나 있어서, 이 털들을 규칙적으로 흔들며 물속을 헤엄칩니다. 짚신벌레는 물속의 세균이나 작은 먹이를 삼켜서 소화하며 살아가요. 그리고 몸 안에는 물의 양을 일정하게 유지하는 수축포가 있어, 물이 너무 많아지면 수축포가 터지듯이 물을 밖으로 내보내며 삼투압을 조절합니다. 이처럼 짚신벌레는 단 하나의 세포로 이루어졌지만, 그 안에는 먹이 섭취·소화·배출·삼투압 조절 등 생명에 필요한 기능이 모두 들어 있답니다. 작지만 혼자서 하나의 '작은 생명체'로 살아가는 완전한 존재인 셈이죠.

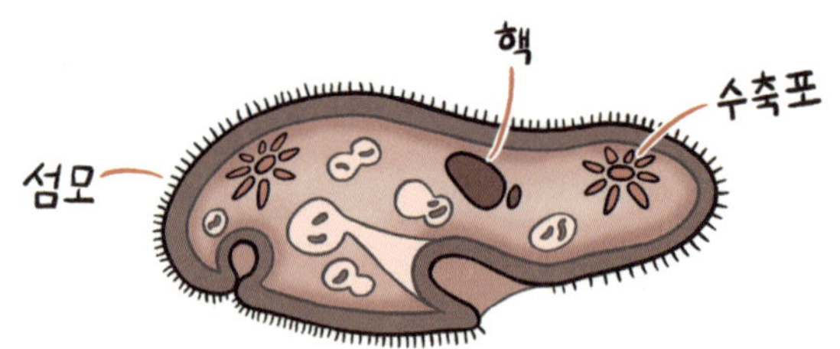

2. 아메바

아메바는 일정한 형태가 없습니다. 세포가 젤리처럼 흐물흐물한 상태로 움직이며 팔처럼 돌출된 부분을 만들어내는데, 이를 위족(pseudopodia)이라고 부릅니다. 아메바는 이 위족을 뻗어서 먹이를 감싸 삼키고 몸 안에서 소화시켜 에너지를 얻습니다. 이렇게 몸의 일부를 늘렸다 줄였다 하며 움직이는 모습은 마치 물방울이 스스로 기어가는 것처럼 보이기도 하죠. 아메바는 물속 바닥이나 진흙 속에 살며, 느리지만 유연하게 환경에 적응하며 살아가는 생물입니다.

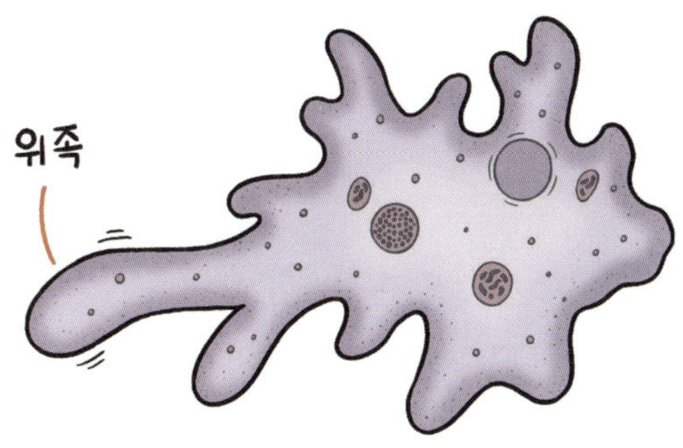

3. 유글레나

유글레나는 원생생물 중에서도 가장 신기한 존재입니다. 왜냐하면 식물과 동물의 특징을 모두 가지고 있거든요. 유글레나의 세포 안에는 엽록체(chloroplast)가 있어서, 식물처럼 햇빛을 이용해 광합성을 할 수 있습니다. 하지만 빛이 닿지 않는 어두운 환경에서는 동물처럼 스스로 움직이며 다른 유기물을 흡수해 살아가기도 해요. 즉, 유글레나는 때로는 식물처럼, 때로는 동물처럼 살 수 있는 혼합영양 생물인 셈입니다. 신기하죠?

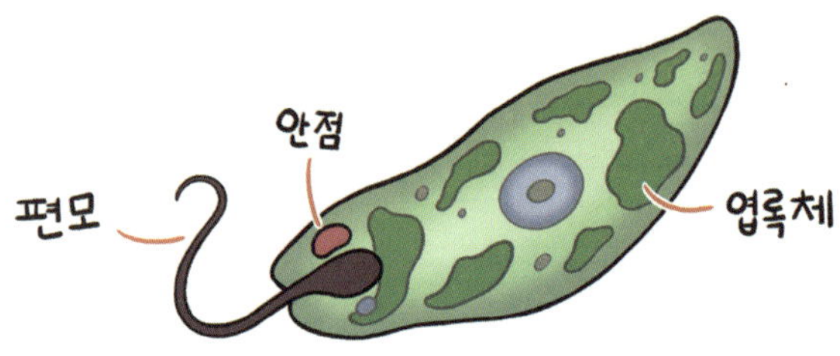

유글레나의 몸 앞쪽에는 편모(flagellum)라는 꼬리 모양의 기관이 있어, 이것을 휘저으며 물속을 헤엄칩니다. 또한 안점(eyespot)을 이용해 빛의 방향을 감지하고, 광합성이 잘 일어나는 밝은 쪽으로 이동하고요. 이처럼 유글레나는 환경에 따라 다른 생존 전략을 사용하는 독특한 생물로, 생물의 진화 과정에서 식물과 동물의 중간 단계를 보여주는 존재로 여겨집니다.

원생생물

식물, 동물, 균류 어디에도 속하지 않는 생물.

대부분 물속에서 살며, 스스로 움직이거나 광합성을 하거나, 두 가지를 모두 하기도 함.

대표적인 단세포 원생생물

① 짚신벌레 : 섬모로 헤엄치며 먹이를 삼켜 먹는 생물

② 아메바 : 몸의 형태를 자유롭게 바꾸며 먹이를 감싸 먹는 생물

③ 유글레나 : 광합성과 유기물 흡수 두 가지 방식을 모두 사용하는 혼합영양 생물

실험 사진 

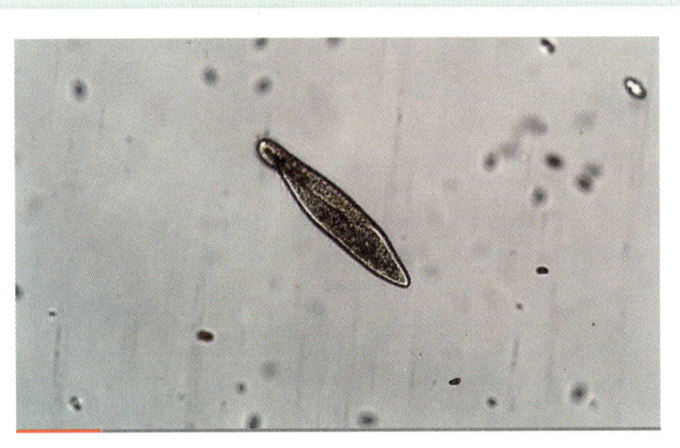

짚신벌레는 정말 짚신처럼 생겼죠?

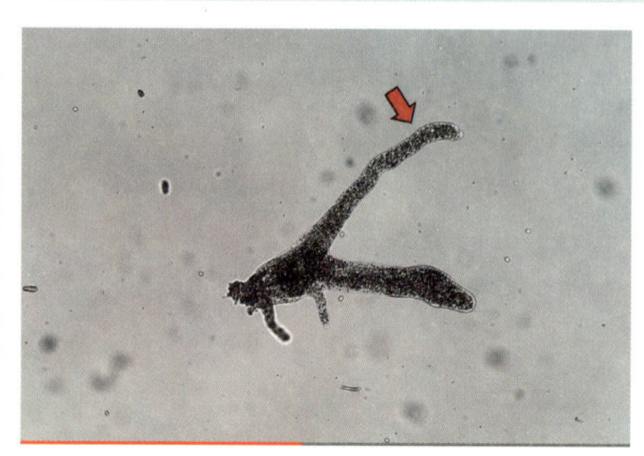

아메바가 위족을 뻗고 있어요.

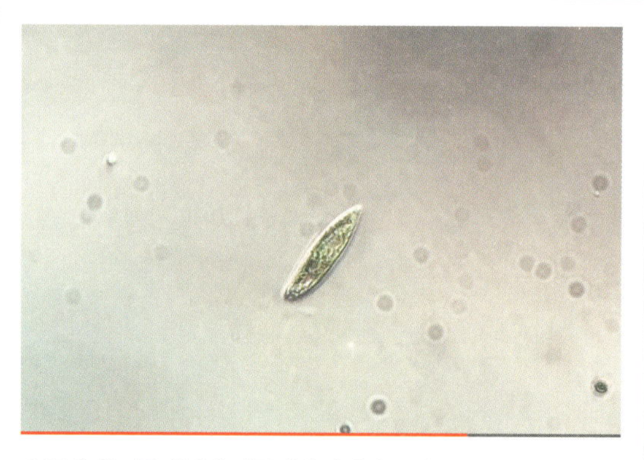

유글레나는 몸 내부에 엽록체가 있어서 몸이 초록색이에요.

QR코드를 통해 연못물 속 원생생물들이 실제로 움직이는 모습을 관찰하며, 보이지 않던 새로운 생명의 세계를 영상으로 확인해보세요!

진화와 생명의 역사

생명은 어떻게 지금의 모습이 되었을까?

Part

06

지도에 생물들이 달라지는 경계선이 있다?

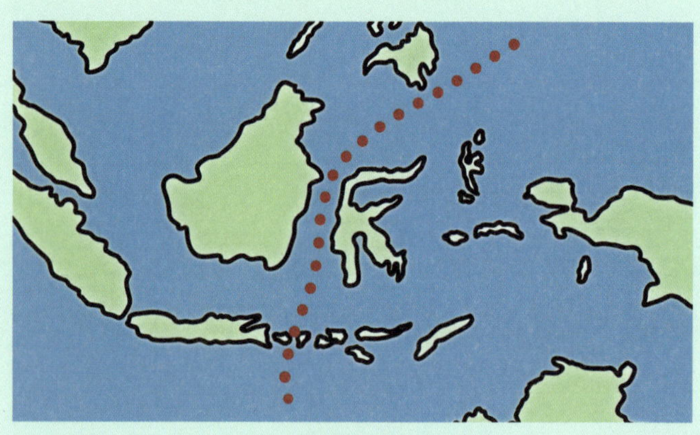

#진화

지도 위 보이지 않는 경계선

19세기, 젊은 영국의 탐험가 알프레드 러셀 월리스(Alfred Russel Wallace)는 인도네시아의 수많은 섬들을 탐험하며 그곳에 사는 생물들을 조사했습니다. 그러던 중, 그는 발리 섬에서 롬복 섬으로 건너가던 길에 아주 놀라운 사실을 발견했어요. 두 섬은 불과 35km 정도밖에 떨어져 있지 않았지만, 각 섬에 사는 동물들은 서로 완전히 달랐던 것이죠.

발리 섬에는 원숭이, 사슴, 호랑이처럼 아시아 대륙에서 흔히 볼 수 있는 포유류들이 살고 있었지만, 바다 건너 롬복 섬에는 캥거루, 주머니쥐처럼 호주 대륙에서 주로 사는, 새끼를 주머니에 넣어 키우는 유대류들이 살고 있었어요. 거리로 보면 금방이라도 서로 왕래할 수 있을 것 같았지만, 두 섬의 생물들은 마치 보이지 않는 장벽에 가로막힌 듯 완전히 다른 세계에 속해 있는 것처럼 보였습니다.

월리스는 이후 인도네시아의 수많은 섬들을 탐험하며 이 '보이지 않는 경계선'을 추적했습니다. 그는 결국 하나의 가상의 선을 그릴 수 있었는데, 그 선을 기준으로 서쪽과 동쪽에 사는 동물들이 뚜렷이 구분된다는 사실을 알아냈습니다. 이 가상의 경계선은 훗날 그의 이름을 따 '월리스선(Wallace's Line)'이라 불리게 되었죠. 그렇다면 왜 이런 일이 일어났을까요?

그 이유는 바로 두 섬 사이 바다의 깊이에 있었습니다. 발리와 롬복 사이에는 '롬복 해협'이라 불리는 깊은 바다가 흐르는데, 이곳은 수심이 1,000m가 넘는 심해 구간입니다. 과거 빙하기에 해수면이 낮아져 다른 섬들이 서로 이어졌을 때조차 이 롬복 해협만은 깊은 바다로 남아 생물들의 이동을 가로막았던 것이죠. 그 결과, 월리스선의 서쪽(아시아 쪽)과 동쪽(오스트레일리아 쪽)에 사는 동물들은 오랜 세월 동안 생물들이 이동하지 못하고 서로 고립된 채 각자의 환경에서 독자적으로 진화했습니다. 그래서 월리스선의 서쪽에는 원숭이·호랑이 같은 태반류가 살아가고, 동쪽에는 캥거루·코알라 같은 유대류가 살아가게 된 것입니다.

월리스선은 단순한 지도상의 경계가 아니라, 지구의 역사와 진화의 흔적이 새겨진 생물지리학적 경계선이었습니다. 정말 신비롭죠? 그렇다면 이런 생물들의 차이를 만들어 낸 힘인 '진화'란 무엇일까요?

찰스 다윈의 발견

월리스와 같은 시기에, '진화'라는 현상을 깊이 탐구한 또 한 명의 과학자가 있었습니다. 그가 바로 오늘날 진화론의 아버지로 불리는 찰스 다윈(Charles Darwin)이죠. 1830년대, 다윈은 영국 해군 탐사선 비글 호를 타고 세계 곳곳을 항해하며 다양한 생물을 조사했습니다. 그러던 중, 남아메리카 서쪽에 위치한 갈라파고스 제도에서 만난 새들이 다윈에게 특별한 깨달음을 주었어요.

갈라파고스의 여러 섬에는 핀치새들이 살고 있었는데, 다윈은 핀치새들의 부리 모양이 섬마다 전혀 다르다는 사실을 발견하고 이에 주목했습니다. 어떤 섬의 핀치새는 단단한 씨앗을 깨물 수 있는 두껍고 강한 부리를 가졌고, 또 다른 섬의 핀치새는 곤충을 잡기 좋은 가늘고 뾰족한 부리를 가지고 있었어요. 처음에는 서로 다른 종처럼 보였지만, 조사해보니 이들은 모두 한 조상에서 갈라져 나온 새들이었습니다. 그런데 왜 섬마다 새들의 모습이 달라졌을까요?

다윈은 그 이유가 바로 각 섬의 환경 차이에서 비롯된 것임을 깨달았습니다. 갈라파고스의 여러 섬들은 섬마다 새들의 먹이 환경이 달랐어요. 어떤 섬에는 단단한 씨앗이 풍부했고, 어떤 섬

 숫과서

에는 부드러운 열매가 많았으며, 또 다른 섬에는 곤충이 풍부했지요. 이런 환경의 차이 속에서 핀치새들은 섬마다 잘 살아남을 수 있는 부리의 모양이 달랐습니다. 씨앗이 많은 섬에서는 부리가 두껍고 단단한 핀치새가 씨앗을 잘 부숴 먹어 잘 살아남을 수 있었고, 곤충이 많은 섬에서는 부리가 가늘고 뾰족한 핀치새가 곤충을 잡는 데 유리해서 잘 살아남을 수 있었습니다. 반대로 환경에 맞지 않는 부리를 가진 핀치새들은 먹이를 구하기 힘들어 점점 수가 줄어들었어요.

이러한 과정 속에서 환경에 잘 맞는 부리를 가진 개체들이 더 오래 살아남아 더 많은 새끼를 남기게 되었고, 그 새끼들은 부모의 부리 형태를 물려받았습니다. 갈라파고스 제도의 핀치새들은 처음에는 하나의 조상에서 출발했지만, 섬마다 다른 먹이 환경 속에서 이런 변화가 수많은 세대 동안 반복되면서 서로 다른 종처럼 보일 만큼 모습이 달라지게 된 것이었습니다.

핀치새를 통해 다윈은 환경에 알맞은 특징을 가진 개체가 살아남고, 그 특징이 다음 세대로 이어진다는 중요한 사실을 깨달았습니다. 그리고 그는 이러한 과정을 '자연 선택'이라고 이름 붙였죠.

진화는 자연이 선택한다

다윈이 갈라파고스 제도에서 본 것은 단순한 '부리의 차이'가 아니었습니다. 그것은 생물이 환경에 맞게 변해가는 과정, 바로 진화의 원리였어요. 환경에 알맞은 부리를 가진 새들은 더 많은 먹이를 얻고 오래 살아남으며, 더 많은 새끼를 남깁니다. 반대로 환경에 맞지 않는 특징을 가진 새들은 점점 사라지게 됩니다.

이처럼 환경에 잘 적응한 형질이 다음 세대에 더 많이 전달되는 현상이 바로 자연 선택입니다. 말 그대로 자연이 살아남을 형

질을 '선택'하는 과정인 셈이죠. 자연 선택은 아주 오랜 세월에 걸쳐 누적되고, 한 종이 조금씩 변하거나 완전히 새로운 종으로 갈라져 나오는 결과를 만들어 냅니다. 이러한 과정의 결과로 일어나는 것이 바로 '진화'인 것이죠.

요약하자면, 진화는 단순히 생물이 '변한다'는 뜻이 아닙니다. 환경이라는 거대한 시험대 위에서, 생존에 유리한 형질을 가진 개체들이 살아남고 그 형질이 세대를 거듭하며 쌓이고 축적되어 새로운 생물의 모습을 만들어 내는 과정이라고 할 수 있어요. 그래서 오늘날 지구에 존재하는 수많은 다양한 생물들은 모두 오랜 세월 동안 자연 선택에 의해 변화하고 적응해 온 결과라고 할 수 있습니다. 생명은 정말 신비롭지 않나요?

개념 숏! 정리

자연선택
환경에 잘 적응한 개체가 더 오래 살아남고 더 많은 자손을 남기면서, 그 유리한 형질이 다음 세대로 전해지는 과정.

진화
자연선택이 오랜 세월에 걸쳐 누적되면서 종의 형질이 변하거나 새로운 종이 생겨나는 과정.

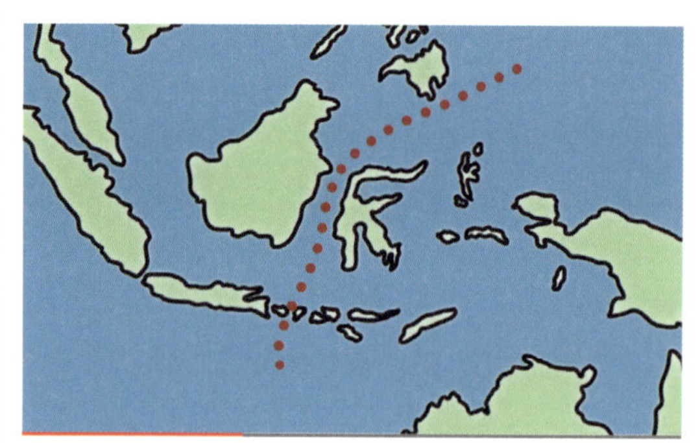

월리스선은 지도 상에 위치한 가상의 경계선이에요.

월리스선의 동쪽인 호주에는 캥거루와 코알라 등, 선의 서쪽
에 사는 우리가 쉽게 볼 수 없는 동물들이 많이 살고 있어요.

QR코드를 통해 보이지 않는 경계선 '월리스선'이 어떻게 형성되었는지, 그 역사와 진화의 비밀을 영상으로 확인해보세요!

과학은 호기심에서 시작됩니다

이 책의 마지막 장을 덮는 순간, 여러분의 일상에 작은 변화가 시작되기를 기대합니다.

어쩌면 길을 걷다 작은 풀잎을 보며 "저 식물은 뿌리에서 잎 끝까지 어떻게 물을 끌어올릴까?"라는 생각이 들지도 모르고, 하늘을 올려다보다 "저 구름은 어디에서 와서 어디로 가는 걸까?"라는 질문이 떠오를지도 모릅니다. 또 문득 자신의 손을 바라보다 "내 몸속에서는 지금도 수많은 세포가 쉬지 않고 나뉘고 있겠지?"하고 생각해 볼지도 모르죠. 이처럼 일상 속에서 떠오르는 작은 호기심이 바로 과학의 출발점입니다.

이 책의 모든 장이 '질문'으로 시작했다는 사실, 눈치채셨나요? 저는 이 책을 통해 여러분이 세상에 호기심을 품고, 그 호기심을 과학적인 탐구 과정을 통해 풀어가는 경험을 하길 바랐습니다. 과학은 정답을 외우는 학문이 아니라, 질문을 던지고 그 답을 찾아가는 여정입니다. 학교에서 배우는 과학은 종종 이론에만 집중되어 있지만, 사실 우리가 먼저 배워야 할 것은 그 이론이 어떤 '호기심'에서 시작되었는지입니다.

세상을 향해 끊임없이 "왜?"라고 묻는 순간, 여러분은 이미 과학을 '공부'하는 사람이 아니라 세상을 탐구하는 사람이 됩니다. 그래서 저는 이 책을 통해 호기심의 중요성과 탐구의 즐거움을 전하고 싶었습니다.《숏과서》를 다 읽은 뒤, 여러분이 이렇게 말해준다면 참 좋겠습니다.

"과학이 예전보다 조금 더 흥미로워졌어요."

그 한마디면 충분합니다. 그 순간, 여러분의 과학은 이미 시작된 것이니까요.

숏과서
숏폼으로 보는 과학 교과서

초판 1쇄 2025년 12월 15일
초판 2쇄 2026년 1월 14일

지은이 수상한생선 (김준연)
그린이 슴새 (전이규)

발행처 수상한 생물연구소
발행인 김준연
홍보·마케팅 이규상
디자인 디디앤 (dd&)

등록 2025년 11월 12일 제 2025-000318호
주소 서울시 마포구 동교로22길19, 4층 3호실
홈페이지 www.susanghanlab.com
이메일 help@susanghanlab.com

ISBN 979-11-996002-0-1 (43470)